皮肤出现血斑

彩图 3-1　猪瘟

小猪出现神经症状（惊恐）

彩图 3-2　猪瘟

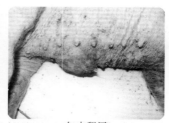

包皮积尿

彩图 3-3　猪瘟

死胎、木乃伊胎

彩图 3-4　非典型猪瘟

淋巴结肿胀，呈紫红色

彩图 3-5　猪瘟

扁桃体充血、肿胀

彩图 3-6　猪瘟

肾脏呈麻雀卵样点状出血

彩图 3-7　猪瘟

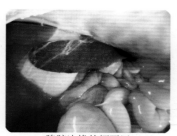

脾脏边缘的梗死区

彩图 3-8　猪瘟

膀胱黏膜有出血点

彩图 3-9　猪瘟

肠管出血

彩图 3-10　猪瘟

回盲瓣口溃疡

彩图 3-11　猪瘟

喉头会厌软骨出血

彩图 3-12　猪瘟

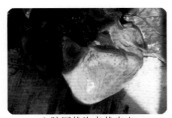

心脏冠状沟点状出血

彩图 3-13　猪瘟

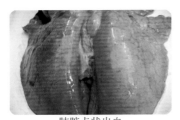

肺脏点状出血

彩图 3-14　猪瘟

神经症状

彩图 3-15　猪伪狂犬病

母猪流产

彩图 3-16　猪伪狂犬病

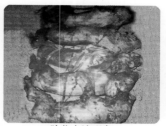

胎儿自溶现象

彩图 3-17 猪伪狂犬病

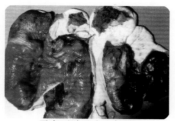

子宫死胎及木乃伊胎

彩图 3-18 猪伪狂犬病

木乃伊胎

彩图 3-19 猪伪狂犬病

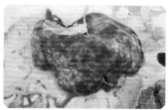

肝脏表面有白色坏死点

彩图 3-20 猪伪狂犬病

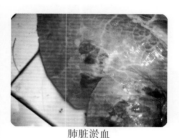

肺脏淤血

彩图 3-21 猪伪狂犬病

蹄部溃烂

彩图 3-22 猪口蹄疫

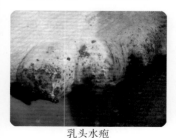

乳头水疱

彩图 3-23 猪口蹄疫

鼻镜水疱糜烂

彩图 3-24 猪口蹄疫

虎斑心

彩图 3-25　仔猪口蹄疫

腹膜炎

彩图 3-26　仔猪口蹄疫

猪消瘦、皮肤苍白

彩图 3-27　猪圆环病毒病

沟状肾

彩图 3-28　猪圆环病毒病

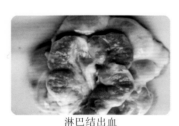

淋巴结出血

彩图 3-29　猪圆环病毒病

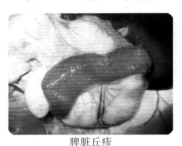

脾脏丘疹

彩图 3-30　猪圆环病毒病

蓝耳症状

彩图 3-31　猪繁殖与呼吸综合征

猪张口呼吸（一）

彩图 3-32　猪繁殖与呼吸综合征

猪张口呼吸（二）

彩图 3-33　猪繁殖与呼吸综合征

妊娠母猪流产，产死胎

彩图 3-34　猪繁殖与呼吸综合征

仔猪瘫痪

彩图 3-35　猪繁殖与呼吸综合征

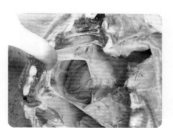
心包炎

彩图 3-36　猪繁殖与呼吸综合征

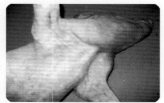
全身皮肤发红

彩图 3-37　猪链球菌病

鼻孔有血性分泌物

彩图 3-38　猪链球菌病

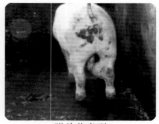
跗关节炎型

彩图 3-39　猪链球菌病

颌下淋巴结脓肿型

彩图 3-40　猪链球菌病

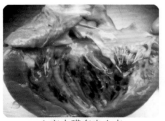

心室内膜有出血点

彩图 3-41　猪链球菌病

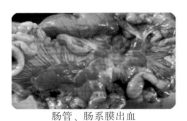

肠管、肠系膜出血

彩图 3-42　猪链球菌病

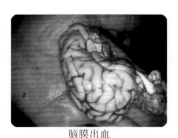

脑膜出血

彩图 3-43　猪链球菌病

猪脱水消瘦死亡

彩图 3-44　猪传染性胃肠炎

灰褐色粪便

彩图 3-45　猪传染性胃肠炎

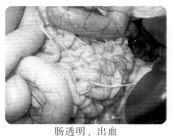

肠透明、出血

彩图 3-46　猪传染性胃肠炎

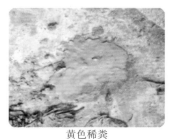

黄色稀粪

彩图 3-47　仔猪黄痢

脱水消瘦

彩图 3-48　仔猪黄痢

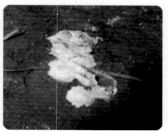

乳白、灰白粥样稀粪

彩图 3-49　仔猪白痢

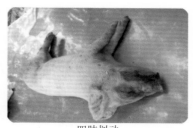

四肢划动

彩图 3-50　猪水肿病

胃黏膜水肿

彩图 3-51　猪水肿病

肠系膜充血、肿胀

彩图 3-52　猪水肿病

空肠壁发红

彩图 3-53　仔猪红痢

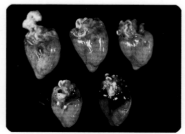

心肌斑状出血

彩图 3-54　仔猪红痢

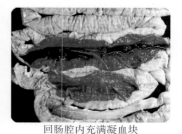

回肠腔内充满凝血块

彩图 3-55　猪增生性肠炎

皮肤发红，有青紫色斑

彩图 3-56　仔猪副伤寒

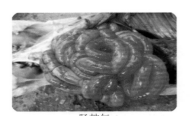

肠鼓气

彩图 3-57 仔猪副伤寒

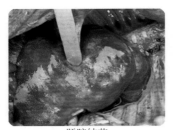

肝脏结节

彩图 3-58 仔猪副伤寒

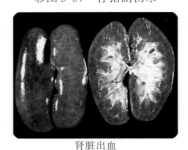

肾脏出血

彩图 3-59 仔猪副伤寒

赤痢症

彩图 3-60 猪痢疾

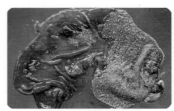

大肠黏膜豆腐渣样脱落

彩图 3-61 猪痢疾

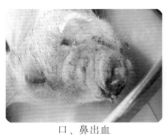

口、鼻出血

彩图 3-62 猪传染性胸膜肺炎

出血实变

彩图 3-63 猪传染性胸膜肺炎

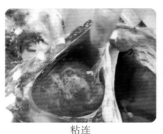

粘连

彩图 3-64 猪传染性胸膜肺炎

猪呈犬坐姿势

彩图 3-65 猪肺疫

喉头黏膜充血、水肿

彩图 3-66 猪肺疫

心包与胸腔积液

彩图 3-67 猪肺疫

颌下淋巴结肿大窒息死亡

彩图 3-68 猪肺疫

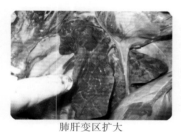

肺肝变区扩大

彩图 3-69 猪肺疫

干咳、呼吸困难

彩图 3-70 猪气喘病

肺对称性肉变

彩图 3-71 猪气喘病

黑色痕迹（泪斑）

彩图 3-72 猪传染性萎缩性鼻炎

歪鼻子

彩图 3-73　猪传染性萎缩性鼻炎

骨组织的软化萎缩

彩图 3-74　猪传染性萎缩性鼻炎

鼻甲骨下卷曲消失

彩图 3-75　猪传染性萎缩性鼻炎

鼻出血

彩图 3-76　猪副嗜血杆菌病

关节发炎

彩图 3-77　猪副嗜血杆菌病

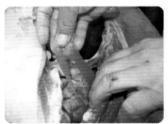

胸腔纤维素

彩图 3-78　猪副嗜血杆菌病

心包炎

彩图 3-79　猪副嗜血杆菌病

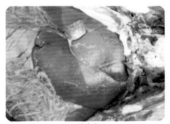

肝周炎

彩图 3-80　猪副嗜血杆菌病

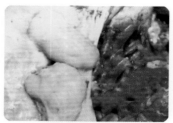

腹股沟淋巴结肿大

彩图 3-81　猪副嗜血杆菌病

流鼻涕

彩图 3-82　猪流行性感冒

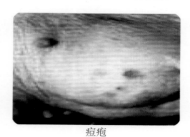

痘疱

彩图 3-83　猪痘

粪便干硬呈栗状

彩图 3-84　猪丹毒

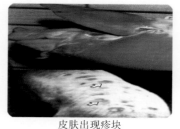

皮肤出现疹块

彩图 3-85　猪丹毒

关节炎、弓腰

彩图 3-86　猪丹毒

脾充血

彩图 3-87　猪丹毒

大紫色肾

彩图 3-88　猪丹毒

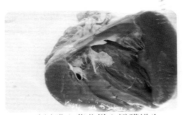

心脏瓣膜上菜花样心瓣膜增生

彩图 3-89　猪丹毒

坏死性皮炎

彩图 3-90　猪坏死杆菌病

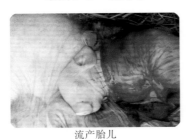

流产胎儿

彩图 3-91　猪布鲁氏菌病

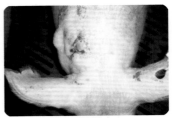

猪皮下脓肿出血

彩图 3-92　猪布鲁氏菌病

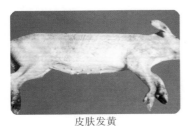

皮肤发黄

彩图 3-93　猪钩端螺旋体病

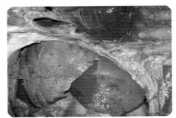

钩端螺旋体与附红体混合感染肺出血

彩图 3-94　猪钩端螺旋体病

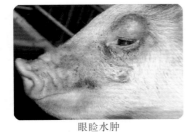

眼睑水肿

彩图 3-95　猪巨细胞病毒病

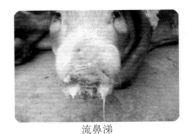

流鼻涕

彩图 3-96　猪巨细胞病毒病

肝脏大面积坏死灶

彩图 3-97 猪巨细胞病毒病

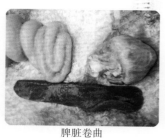

脾脏卷曲

彩图 3-98 猪巨细胞病毒病

肠壁、肠系膜水肿

彩图 3-99 猪巨细胞病毒病

胸腹腔积液

彩图 3-100 猪巨细胞病毒病

胃溃疡

彩图 3-101 猪巨细胞病毒病

呕吐物

彩图 3-102 猪巨细胞病毒病

肠管内的猪蛔虫

彩图 4-1 猪蛔虫病

猪消瘦、生长缓慢

彩图 4-2 猪蛔虫病

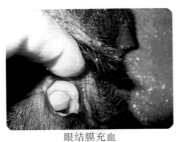

眼结膜充血

彩图 4-3　猪弓形虫病

皮肤发红

彩图 4-4　猪弓形虫病

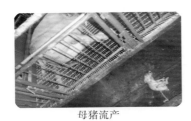

母猪流产

彩图 4-5　猪附红细胞体病

皮肤及眼结膜黄疸

彩图 4-6　猪附红细胞体病

心冠脂肪黄染

彩图 4-7　猪附红细胞体病

肺脏肿大黄染

彩图 4-8　猪附红细胞体病

肝脏肿大黄染

彩图 4-9　猪附红细胞体病

猪张口喘气，角膜充血

彩图 5-1　猪中暑

彩图 5-2　猪肠扭转（一）

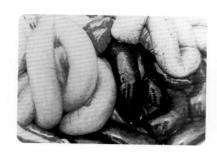

彩图 5-3　猪肠扭转（二）

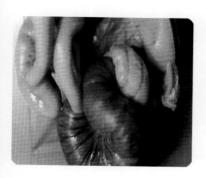

彩图 5-4　猪肠套叠（一）

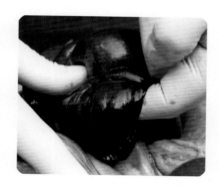

彩图 5-5　猪肠套叠（二）

球形肿胀

彩图 5-6　猪脐疝

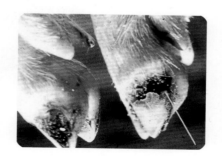

彩图 5-7　猪蹄裂病

猪因疼痛不能站立

彩图 5-8　猪蹄裂病

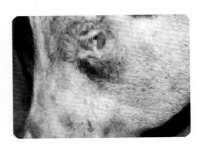

彩图 5-9　猪结膜炎

彩图 5-10　猪乳房炎

皮肤发红

彩图 7-1　白猪光过敏性物质中毒

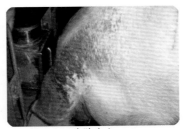

皮肤出血

彩图 7-2　白猪光过敏性物质中毒

猪病诊治你问我答

主　编　马玉华　谷凤柱

副主编　孟　飞　王凤英

参　编　宋传升　王会珍　李淑青

机械工业出版社

本书采用问答的形式，以通俗的语言介绍了猪传染病、寄生虫病、普通病、代谢性疾病和中毒病的临床症状、病理变化、诊断方法及防治措施，共 7 章，390 个问题。问题的选取力求实用，与生产实践紧密结合，回答简明扼要。文前配有 100 多幅彩图。

本书可供兽医、基层技术人员、养猪场（户）使用，也可供相关院校师生阅读参考。

图书在版编目（CIP）数据

猪病诊治你问我答/马玉华，谷风柱主编. —北京：机械工业出版社，2014.7（2016.7 重印）

（高效养殖致富直通车）

ISBN 978-7-111-46550-8

Ⅰ.①猪… Ⅱ.①马… ②谷… Ⅲ.①猪病 – 诊疗 – 问题解答 Ⅳ.①S858.28 – 44

中国版本图书馆 CIP 数据核字（2014）第 086410 号

机械工业出版社（北京市百万庄大街 22 号　邮政编码 100037）
总 策 划：李俊玲　张敬柱　　　　　策划编辑：郎　峰　高　伟
责任编辑：郎　峰　高　伟　周晓伟　版式设计：常天培
责任校对：王　欣　　　　　　　　　责任印制：刘　岚
北京云浩印刷有限责任公司印刷
2016 年 7 月第 1 版第 2 次印刷
140mm×203mm · 7.25 印张 · 8 插页 · 198 千字
4001—5900 册
标准书号：ISBN 978-7-111-46550-8
定价：25.00 元

序

　　改革开放以来，我国养殖业发展非常迅速，肉、蛋、奶、鱼等产品产量稳步增加，在提高人民生活水平方面发挥着越来越重要的作用。同时，从事各种养殖业也已成为农民脱贫致富的重要途径。近年来，我国经济的快速发展为养殖业提出了新要求，以市场为导向，从传统的养殖生产经营模式向现代高科技生产经营模式转变，安全、健康、优质、高效和环保已成为养殖业发展的既定方向。

　　针对我国养殖业发展的迫切需要，机械工业出版社坚持高起点、高质量、高标准的原则，组织全国 20 多家科研院所的理论水平高、实践经验丰富的专家学者、科研人员及一线技术人员编写了这套"高效养殖致富直通车"丛书，范围涵盖了畜牧、水产及特种经济动物的养殖技术和疾病防治技术等。

　　丛书应用了大量生产现场图片，形象直观、语言精练、简洁，深入浅出，重点突出，篇幅适中，并面向产业发展需求，密切联系生产实际，吸纳了最新科研成果，使读者能科学、快速地解决养殖过程中遇到的各种难题。丛书表现形式新颖，大部分图书采用双色印刷，设有"提示""注意"等小栏目，配有一些成功养殖的典型案例，突出实用性、可操作性和指导性。

　　丛书针对性强，性价比高，易学易用，是广大养殖户和相关技术人员、管理人员不可多得的好参谋、好帮手。

　　祝大家学用相长，读书愉快！

中国农业大学动物科技学院

2014 年 1 月

前　言

　　随着养猪业的快速发展，饲养规模的不断扩大，现代化、标准化养猪生产已成为养猪业的发展趋势。在现代化养猪生产的背景下，各种疾病仍是养猪生产的重要制约因素。因此，普及猪病的预防知识，提高广大养猪户和基层兽医工作者的诊疗水平，是当前和今后发展养猪业的主要任务。

　　为进一步做好猪病的防控工作，提高诊疗水平和技术，我们组织多位长期从事猪病教学、科研和实践一线的同仁，借鉴国内外有关猪病的最新研究成果，并结合我国养殖场疾病发生的特点，编写了《猪病诊治你问我答》一书。

　　本书采用问答的形式，以通俗的语言介绍了猪传染病、寄生虫病、普通病、代谢性疾病和中毒病的临床症状、病理变化、诊断方法及防治措施，重点介绍了各种疾病的鉴别诊断及中西医防治方法，共7章，390个问题。本书所有问题经过精心设置，均是养殖过程中经常遇到的问题，回答简明扼要，重点突出，快速解决读者遇到的问题。此外，本书还配有"提示""注意"等小栏目，引起读者注意，文前配有100多幅彩图。本书可供兽医、基层技术人员、养猪场（户）使用，也可供相关院校师生阅读参考。

　　需要特别说明的是，本书所用药物及其使用剂量仅供读者参考，不可照搬。在生产实际中，所用药物学名、常用名和实际商品名称有差异，药物浓度也有所不同，建议读者在使用每一种药物之前，参阅厂家提供的产品说明以确认药物用量、用药方法、用药时间及禁忌等。

　　由于编者水平有限，书中难免存在一些错误或不足，敬请广大读者和同仁批评指正。

编　者

2014 年 4 月

目　录

第三章 猪传染病的防治技术

第四章　猪寄生虫病的防治技术

第五章　猪普通病的防治技术

第六章　猪代谢性疾病的防治技术

第七章　猪中毒病的防治技术

附录

参考文献

第一章
猪病的分类及猪病的诊断技术

1 猪病在临床上分为几大类？各大类又是怎样划分的？

在临床上将猪病分为三大类，即猪传染病、猪寄生虫病和猪普通病。

（1）猪传染病 该病是由病原微生物（病原体）引起的，具有一定潜伏期和临床表现，并具有传染性的疾病。猪的传染病是将同一病原体从感染猪或发病猪侵入易感性高的猪体，如猪瘟、猪伪狂犬病、猪繁殖与呼吸综合征（猪蓝耳病）等。但也有些是人畜共患病，要更加严格防控，保证人畜安全。根据病原体的种类不同又可将传染病分为细菌性传染病、病毒性传染病和其他类传染病。

（2）猪寄生虫病 是由寄生虫侵袭猪体而引起的疾病。猪寄生虫病有些也是人畜共患病，如猪囊虫病等。因感染的部位不同，猪寄生虫病又分为体内寄生虫病和体外寄生虫（也称体表寄生虫）病。

（3）猪普通病 无病原体存在，是由一般致病因素所引起，猪与猪之间相互不传染、不流行。普通病可分为内科病、外科病、产科病、中毒病及营养代谢病五大类。内科病又分为消化系统疾病、呼吸系统疾病、神经系统疾病和泌尿生殖系统疾病等。

⚠ **【注意】** 对于人畜共患病（如传染病、寄生虫病），人们特别是相关人员（饲养员、畜牧兽医工作人员）要加强人身的自我防护，注意消毒，防止外伤等情况的发生。

2 猪传染病、猪寄生虫病及猪普通病各自有何特点？

(1) 猪传染病的特点

1）由病原体和机体相互作用引起。

2）具有传染性和流行性。

3）耐过动物可获得特异性免疫。

4）被感染机体发生特异性反应。

5）具有特征性的临床表现。

(2) 猪寄生虫病的特点 除具有传染病的某些特点（如具有传染性，有特征性的临床表现）外，一般体温不高、死亡率不高，但机体消瘦，生长缓慢，生产力下降明显，易产生并发症和继发感染。

(3) 猪普通病的特点

1）某些普通病的症状与传染病的症状相同，但不具有传染性和流行性；多与饲养管理不善、饲料营养不全价和环境条件不良有关，有些病发病率和死亡率较高，易造成严重经济损失。

2）有些普通病是先天性的，有的是后天因素所致，还有的是人为因素造成的。

⚠️ **【注意】** 对于传染病、寄生虫病要树立"预防为主，防重于治"的指导思想，但也不要忽视普通病的防治。

3 目前发病率高的猪病有哪些？

(1) 病毒性传染病 猪繁殖与呼吸综合征、繁殖障碍性猪瘟、猪伪狂犬病、猪圆环病毒病（断奶仔猪多系统衰弱综合征）、猪口蹄疫、猪传染性胃肠炎、猪轮状病毒感染、猪流行性腹泻、猪细小病毒病、猪流行性感冒、猪痘等。

(2) 细菌性传染病 猪链球菌病、猪传染性胸膜肺炎、猪肺疫、猪传染性萎缩性鼻炎、猪气喘病、仔猪副伤寒、猪大肠杆菌病（仔猪黄痢、仔猪白痢、猪水肿病）、仔猪红痢、猪痢疾等。

(3) 寄生虫病 猪蛔虫病、猪肺丝虫病、猪姜片吸虫病、猪附红细胞体病、猪疥癣病、猪弓形虫病、猪肾虫病、猪旋毛虫病、猪虱病等。

（4）普通病

1）内科病：胃肠炎等腹泻性疾病，中暑、应激综合征等。

2）外科病：肢体病、各种疝等。

3）产科病：猪乳房炎、母猪生产瘫痪、母猪不孕症等。

4）中毒病：农药中毒、黄曲霉毒素中毒、酒糟中毒等。

5）营养代谢病：猪贫血、维生素 A、D、E 缺乏症等。

> ⚠️ 【注意】 1）对于传染病、寄生虫病，要以预防为主，治病为次；因为某些传染病没有特效的治疗方法，只是采取对症治疗，如病毒性腹泻，其治疗原则为消炎退烧，防脱水，防酸中毒。
>
> 2）对于普通病要加强饲养管理，饲养管理人员要加强责任心，消除致病因素，特别是人为造成的致病因素。

4 猪病的诊断方法包括哪些内容？

诊断猪病的基本方法有四种，即临床诊断（视、触、叩、听）、病理学诊断（尸体剖检）、流行病学诊断和实验室诊断。

（1）临床诊断（视、触、叩、听） 这是最基本的诊断方法，是利用人的感官或借助于一些简单的器械（如体温表、听诊器等）直接对猪体的各部位、各系统进行全面检查的一种方法。首先要注意观察猪的整体状态情况，尤其是生长发育程度、精神状态、营养状况、运动和行为、消化与排泄活动等诸多方面。对某些有特征性症状的典型病例，如猪破伤风、猪气喘病等容易做出诊断。因此，通过仔细的临床检查可获得有价值的诊断资料。再借助于器械，如体温计，当测定猪的体温升高时，可疑似是某些急性传染病；当用听诊器听取猪的病理性声音，如咳嗽、喘息、呻吟等，尤其是喘息的特点及咳嗽的特征，如果出现呼吸加快、粗粝多是肺部疾患。

通过感官与简单器械的结合，再结合其他诊断，这就为治疗打下了基础。

⚠️ 【注意】 该诊断方法对病的初期及非典型病例诊断有一定难度，有其局限性。所以，还要结合病理学诊断、流行病学诊断及实验室诊断等方法进行综合诊断才能确诊。

（2） **病理学诊断** （尸体解剖等方法） 该诊断方法是在临床诊断的基础上，对病死猪或濒于死亡的猪进行剖检，用肉眼观察和显微镜检查各器官及其组织的病理变化，进一步验证临床诊断是否正确，做出符合客观实际的诊断，以达到正确诊断疾病的目的。病猪除表现出特定的临床症状外，其组织、器官还出现各种不同的形态变化。通过剖检检查组织器官的气味、颜色、性质等变化，为正确诊断某类疾病提供资料与依据。

1） 目前多数猪病，在临床上多是以混合感染的形式出现，有些传染病的临床症状和病理变化并不典型，因此，必须不断总结经验。认真查看资料，多做解剖、多观察、多研究，通过临床症状、病理剖检变化并结合当地流行病学特点才能做出初步的诊断，必要时可以通过实验室检验进行确诊。

2） 对病例进行剖检诊断时，尽可能多检查几头死猪，并选择症状较典型的病例按剖检程序剖检，做认真的观察和记录。

（3） **流行病学诊断** 该诊断方法是通过问诊和查阅有关资料或深入现场对病猪和发病猪群所表现的综合症状、环境条件及发病情况和发病特点等进行调查，获得相关材料。这是正确诊断疾病的基础，在探索致病原因、流行特点等方面有重要的意义。例如，不同的日龄、不同的季节及饲养管理方式与某些传染病的关系等。不同的日龄发生的病是不一样的，哺乳仔猪易发生仔猪红痢、仔猪黄痢、仔猪白痢等；断奶仔猪易发生仔猪副伤寒、仔猪水肿病等；其他猪易得猪流行性腹泻、猪传染性胃肠炎、猪轮状病毒感染；初产母猪易感染猪细小病毒，造成流产，死胎等。另外，冬春季节多发生腹泻及呼吸系统的疾病，如猪传染性胃肠炎、猪流行性腹泻、猪轮状病毒感染及呼吸系统综合征等疾病；炎热多雨的季节多发生猪丹毒、猪乙型脑炎等疾病。也有些病季节性并不明显，一年四季都可发生。

（4）**实验室诊断** 该诊断方法是应用微生物学、血清学、病理组织学等实验手段进行疫病检验，为猪病确诊提供科学依据。如猪气喘病近年来多与繁殖与呼吸综合征（PRRS）、圆环病毒等其他病原体混合感染，要做出正确诊断，必须借助于实验手段进行诊断。

5 猪传染病的流行病学调查包括哪些方面？

（1）**了解发病情况** 其内容包括猪传染病的发生、发展过程，临床表现，是否进行治疗，治疗的效果怎样，同圈（群）或邻圈（群）有无类似病例出现，是否在同一时间发生（或者相继发生），病势严重程度如何，传播速度的快慢，有无死亡，死亡率的高低，发病猪与死亡猪的年龄，对死亡猪是否进行了解剖，剖检变化怎样，是否做过病理组织学检查，结果如何，在猪发病的同时有无其他牲畜发生类似病症（如猪口蹄疫，牛羊是否发生等）。以判断该猪病是急性病还是慢性病，是传染病还是非传染病，是否属烈性传染病，是否为人畜共患传染病，控制情况怎样，治疗效果如何，可为诊断提供参考。病理解剖、病理组织学特征是综合诊断的重要依据。

（2）**了解既往病史及发病情况** 其内容包括当地猪群及本场过去是否发生过类似病，发生的经过及控制结果怎样，进一步考虑分析本次传染病的发生与过去传染病有没有关系，都有利于地区性常发性疫病的判断，为控制和扑灭传染病奠定基础。

（3）**了解综合性防疫情况** 其内容包括预防接种的实施情况怎样，是否按照免疫程序进行免疫，对新购进猪是否经过检疫与隔离，有无消毒设施与设备，是否实施定期消毒，病死猪尸体的处理情况如何，对一类传染病是否按照防疫法处理病猪（如焚烧、深埋等），对地区性常发、多发病的预防措施贯彻落实情况如何，是否做到定期驱虫等。

（4）**了解饲养管理、环境卫生情况** 其内容包括饲料的组成成分、质量、种类、数量、运输、储存、调制方法及饲喂制度，猪舍

状况、饲喂设备、运动场是否定期清理、清洗、消毒，粪便清除与处理是否及时合理、是否做到不污染周围环境。

⚠️ 【注意】 要进行全面、系统的流行病学调查，不得走过场，要得到可靠、真实的症状、资料，为做出正确诊断提供切实的依据。

6 猪疫病的病理学诊断技术包括哪些内容？

（1）**外观检查** 对病死猪的眼、鼻、口、耳、肛门、皮肤和蹄部等做全面的外观检查。

（2）**剖检方法及要点** 将猪尸体放置成背卧（仰卧）形式，先切断肩胛骨内侧和髋关节周围的肌肉，使四肢仰卧摊开，然后沿腹壁中线向前切至下颌骨，向后切到肛门，掀起皮肤，再剪开剑状软骨至肛门之间的腹壁，沿左右最后肋骨切开腹壁至脊柱部，使腹腔脏器明显暴露。暴露充分后检查腹腔脏器的位置是否正常，颜色是否正常，有无异物和寄生虫，腹膜有无粘连和腹水量的多少。然后在横膈处切断食管，由骨盆腔切断直肠，按肝、脾、肾、胃、肠等次序分别从胸腹腔取出进行检查。胸腔解剖检查时沿季肋部切断隔膜，先用刀或骨剪切断肋软骨和胸骨连接部位，再把刀伸入胸腔，划断脊柱两侧肋骨和胸椎连接部的胸膜和肌肉，然后用刀按压两侧的胸壁肋骨，使肋骨和胸椎连接处的关节自行折裂从而使胸腔敞开。先检查胸腔液的量多少和性状，胸膜的色泽和光滑程度，有无炎症、粘连和出血，然后摘取心、肺等再做进一步检查。

（3）**病理部位检查** 一般尸体的全面检查和病理检查同时进行，边剖检边检查，以便真实地观察到各器官新鲜的病理变化。要认真仔细检查心、肺、脾、肝、肾、淋巴结、胰脏等实质器官，应先观察其大小、色泽、光滑程度、硬度和弹性，有无肿胀、坏死、结节、变性、充血、出血、淤血等常见病理变化，然后将某一器官切开，观察切面的病理变化。一般最后检验胃肠，先仔细观察浆膜变化，后切开进行黏膜检查。气管、膀胱、胆囊的检查方法与胃肠检查基本相同，骨和脑只有在必要时才进行检查。此外，在肉眼观察的同时，根据需要或在必要情况下，应采取小块病多组织（2cm×3cm）

存放，放入盛有 10% 福尔马林溶液的广口瓶内（固定标本），进行病理组织学检查。

7 尸体剖检时应注意哪些事项？

（1）选择合适的剖检场地　有条件的最好在专门的兽医剖检室内进行尸体剖检。剖检室应光线充足、通风；仔猪剖检应在瓷盘内进行。若在现场或野外进行尸体剖检时，剖检地点应选择远离水源、公路、居民区、牧场等偏僻的位置，尤其是对死于传染病的尸体进行剖检时，一定要注意防止传病原体的散播。

（2）应及时进行剖检　尽量在猪死后立即进行，以防止猪死后组织器官发生腐败。剖检应尽量在白天阳光下进行，以便确切辨认病变器官的原有颜色。

（3）事先准备剖检用具、消毒液　至少应备有剥皮刀、手术刀、剪子、镊子、锤子、尺子等剖检器械，还应备有消毒液，如 0.1% 新洁尔灭、3% 来苏儿、0.05% 洗必泰使用液、3% 碘酊、70% 酒精、消毒棉花、纱布及胶靴等。

（4）了解剖检的尸体　着手剖检前，应详细了解尸体的来源、病史、临床症状、治疗经过和病猪临死前的表现。若病猪临床表现为发病急剧、咽喉及头部肿胀、死后天然孔出血、有炭疽病的迹象时，应首先采耳血做染色镜检。若发现有炭疽杆菌时，则病猪尸体严禁剖检，将病猪尸体焚烧。对所有与病猪接触过的场地、用具进行彻底消毒，与病猪接触过的人员应进行药物预防。若确诊不是炭疽病方可做尸体剖检。

8 猪传染病的常用检查方法有哪些？

（1）常规实验室检查　该方法主要包括检查病猪的血液、尿液、粪便、胃液及胃内容物、脑脊液、渗出液及漏出液、血液生化检验等内容，在实验室内测定其物理性状及分析其化学成分，或借助显微镜观察其有形成分等。

（2）病理组织学检查　该方法是将送检的病料做病理组织学检查，经过病料修整、石蜡包埋、切片、固定、染色、封片等病理切

第一章 猪病的分类及猪病的诊断技术

片方法制成病理组织学切片，借助光学显微镜观察其各器官和细胞的病理学变化。

（3）**病原体检查**　该方法主要包括普通显微镜或电子显微镜检查、病原体的分离培养鉴定、实验动物或鸡胚接种实验等。

（4）**血清学方法检查**　该方法主要是测定血清中的特异性抗体或送检病料中的抗原，内容包括沉淀反应（含琼脂扩散试验）、凝集反应（含间接血凝试验）、补体结合试验、中和试验、酶联免疫吸附试验、免疫荧光试验、放射免疫试验以及核酸探针、多聚酶链式反应、核酸分析等现代化疫病检测技术等。

⑨ 如何采集病料？

当怀疑猪群发生传染病时，除根据临床表现和病理剖检进行确诊外，有些传染病还需及时采取病料送兽医检疫防疫部门进行细菌学化验。

采取病料的部位应根据疫病情况而定。一般应采取肝、脾、肾、淋巴结、脑、脊髓等组织。

1）怀疑某种传染病时，则采集病变常侵害的部位，如怀疑为猪口蹄疫则应采蹄部水疱皮或水疱液，分别装在灭菌容器内。

2）提不出怀疑的病种时，一般则采集全身各脏器组织，如肝、脾、肾、淋巴结、脑、脊髓等组织。

3）败血性传染病，如猪瘟、猪丹毒等，应采集心、肝、脾、肾、肺、淋巴结和胃肠等器官、组织，胃肠的断端应做结扎处理。

4）专嗜性传染病或以侵害某种器官为主的传染病，采集该病侵害的主要器官组织。专嗜性传染病采集病料部位及保存方法见表1-1。

表1-1　专嗜性传染病采集病料部位及保存方法

病　　名	采集病料部位	保存方法
口蹄疫	无菌采取水疱皮或水疱液	保存在50%甘油生理盐水中，供酶联免疫吸附试验或动物试验
猪瘟	采死猪的脾、肾、淋巴结及有病变的消化道	分别装在容器中供病理检查、酶标试验及分离、培养动物接种，如需抗体检查则采血清

病　名	采集病料部位	保存方法
猪伪狂犬病	小猪可送检全尸、完整的头部、大脑的一部分或小脑等	如做病理组织检查则用福尔马林保存，做病原检查则保存在50%的甘油生理盐水中
猪破伤风	从疑似细菌侵入的创伤深处吸取伤口中的血液、脓汁或挖取局部深处的坏死组织	保存在30%甘油缓冲液中，容器加塞封固
猪肺疫	采血液或局部病变的渗出液。剖检时采病变的淋巴结、脾、肝或小块肺	装在消毒试管或青霉素瓶内送检。也可直接制作血片或淋巴沫片做细菌检查
猪霉形体肺炎（气喘病）	采整个肺脏或病变部分及肺门淋巴结	放在灭菌口瓶内加甘油生理盐水保存送检。也可采取血清做间接血凝试验，在每毫升血清中加入一滴3%石炭酸溶液
猪丹毒	采死猪的脾、肾、淋巴结或有疹块的皮肤；也可采未破溃的淋巴结或病猪耳静脉全血送检	保存在30%甘油生理盐水中，做细菌学检查
猪结核病	怀疑肺结核时，采取病猪气管黏液、痰液；怀疑乳房结核时，采取乳汁；怀疑肠结核时，可由直肠采取粪便。病死猪或屠后的病猪，可采取病变的肺、脑膜、淋巴结、肠管、脓汁等	保存在无菌容器中送检
流产的猪传染病	采取胎儿和胎衣	整个包装保存送检

⚠【注意】 所采病料应力求新鲜，最好在病猪临死前或死后2h内采取；采取病料应尽量减少杂菌污染，事先对器械进行严格消毒，做到无菌采集；对危害人体健康的病猪，须注意个人防护并避免疫情扩散。

10 送检病料应注意哪些事项？

（1）编上号码 对送检的病料，应在装有病料的容器上编上号码，做好记录，并附有详细记录的病料送检单（如猪的年龄、品种、发病情况、流行病学特点、采集病料的地点、采集时间、畜主姓名、送检目的、病料名称、保存液等详细资料）。

（2）严格包装 对送检的病料应包装安全稳妥，对危险病料（烈性传染病病料）、怕热或怕冻的病料，应分别采取相应防寒保暖措施。一般情况下，微生物学检查病料多都怕热，应冷藏包装送检，而病理学检查病料都怕冷冻，包装送检应严防冻结。

（3）防止凝固 供细菌或病毒学检查的血液应加抗凝剂，以防凝固，但不可加防腐剂。常用的抗凝剂为5%枸橼酸钠溶液，按1mL抗凝剂加10mL血液摇匀即可。

（4）立即送检 病料包装好后，应尽快送到检验单位，短途或危险材料应派了解病料性质的专人护送，远途可根据情况空中运输。

11 常用细菌培养基的种类及细菌培养基的配制有哪些？

（1）细菌培养基的种类 常用的细菌培养基有普通肉汤培养基、普通琼脂培养基和半固体培养基。

（2）细菌培养基的配制 一是人工配制细菌生长繁殖所需的营养物质；二是调配合适的pH（pH为7.2～7.6）；三是经灭菌后用于细菌的培养。

12 制作细菌培养基的方法有哪些？

（1）普通肉汤培养基的制作

1）肉水的制备。取新鲜牛肉去脂肪和筋膜，切成小块或绞碎，称重，按肉水比1:2的比例加水浸泡过夜（夏季应放置于冰箱内），煮沸约1h后用纱布滤去肉渣挤出肉水，然后用滤纸过滤肉浸液，补足原有水量，装入锥形瓶中用高压灭菌器灭菌（0.105MPa，20min）后，放置阴凉暗处保存备用。取上述肉浸液1 000mL于锥形瓶中。

2）制作步骤。称取蛋白胨 10g、磷酸氢二钾 1g、氯化钠 5g，加入肉浸液中充分搅拌溶解，必要时可稍加温促进溶解。测定和调整 pH 为 7.4～7.6，用滤纸过滤，置高压过滤器内灭菌（0.105MPa，20min）后，于无菌室或超净台内分装于试管内，每管约 10mL，如无此设备可先分装后灭菌。

牛肉膏蛋白胨培养基的制作，如无新鲜牛肉，可用牛肉浸膏代替。用量是每 1 000mL 培养基 3～5g。牛肉膏蛋白胨培养基的配方为：牛肉膏 3g，氯化钠 5g，蛋白胨 10g，水 1 000mL，pH7.4～7.6。

（2）普通琼脂培养基的制作

1）培养基的用途。一般用于细菌的分离、纯培养、观察菌落性状及保存菌种；为特殊培养基的基础。

2）制作步骤。取 1 000mL 普通肉汤培养基置于烧杯中，加入 20～30g 琼脂，煮沸使琼脂充分溶化，趁热用 2～4 层纱布过滤，补充蒸馏水至 1 000mL，测定和调节 pH 为 7.4～7.6。高压灭菌后无菌分装于试管（装量为 1/4～1/3 管）中趁热斜置，冷却即成琼脂斜面，或分装平皿（厚度为 2～3mm）中，水平静置冷却即成琼脂平板。也可先分装，再进行高压灭菌，然后趁热斜置冷却。

（3）半固体培养基的制作 与营养琼脂的制备基本相同，仅将琼脂量减少至 0.1%～0.7%（即 1 000mL 中加入 5～7g 琼脂）即可。

13 猪寄生虫病的常用检查方法有哪些？

猪寄生虫病常用检查方法有两种，一种是血液内原虫检查法；另一种是组织内原虫检查法。

（1）血液内原虫检查法 将针头消毒后，自耳静脉或颈静脉采取血液。此法适用于检查血液中的梨形虫、住白细胞虫等。

1）涂片染色标本检查。采血后，滴于载玻片的一端，按常规法推制成血片，晾干，甲醇固定，而后用姬氏液或瑞氏液染色。染后用油浸镜头检查。本法适用于各种血液原虫。

2）姬氏染色法。取姬氏染色粉 0.5g，中性纯甘油 25mL，无水中性甲醇 25mL。先将姬氏染色粉置研钵中，加少量甘油充分研磨，再加再磨，直到甘油全部加完为止。将其倒入 60～100mL 容量的棕

色小口瓶中；在研钵中加少量的甲醇以冲洗甘油染液，冲洗液仍倒入上述瓶中，再加再洗再倒入，直至25mL甲醇全部用完为止。塞紧瓶塞，充分摇匀，而后将瓶置于65℃温箱中24h或室温内3～5天，并不断摇动，这一制作过程为原液。

染色时，将2mL原液加到100mL中性蒸馏水中，即为染液。染液加于血膜上染色30min，后用流水冲洗2～5min，晾干后镜检。

3）瑞氏染色法。取瑞氏染色粉0.2g，置于棕色小口瓶中，加入无水中性甲醇100mL，加塞扣紧，放置室温内，每天摇晃4～5min，一周后便可使用。如需急用，可将0.2g染色粉，倒入研钵中，加中性甘油3mL，充分摇匀，然后以100mL甲醇，分次冲洗研钵，冲洗液均倒入瓶内，摇匀即成。

本法染色时，血片不必预先固定，可将染液5～8滴直接加到未固定的血膜上，静置2min，而后在染液上加等量蒸馏水后摇匀，经过3～5min后，流水冲洗，晾干后镜检。

（2）组织内原虫检查法　有些原虫可以在动物身体不同组织中寄生。一般在死后剖检时，取一小块组织，以其切面在载玻片上做成触片或抹片，染色后检查。抹片或触片可用姬氏染色法或瑞氏染色法。

患泰勒虫病的病猪，常呈现局部的体表淋巴结肿大，采用淋巴结穿刺液，抽取其内容物，染色后镜检。猪患弓形虫病时，生前诊断可取腹水，染色后，查找滋养体。

14 粪便虫卵检查的主要方法有哪些？

（1）直接涂片检查法　这是最简便和常用的检查方法，如果猪体内寄生虫数量少而粪便中虫卵也少时，有时查不出虫卵，可采用该方法。

此方法是在载玻片上滴一些甘油和水的等量混合液，再用牙签挑取少量粪便加入其中，混合均匀，用消毒镊子夹去较大的或过多的粪渣，最后使载玻片上留有一层均匀的粪液，对浓度的要求是将此载玻片放于报纸上，能通过粪便液膜模糊地辨认载玻片下的字迹为合适。在粪膜上覆以盖玻片，移置低倍显微镜下检查。检查时，应有序地查遍盖玻片下的所有部分。

（2）集卵法 此法操作稍复杂一些，但可进一步验证上述方法，检出率较高。即将粪便放入载玻片中央的水滴中，加以搅拌，搅匀后，随即用牙签涂抹成一薄层，盖上盖玻片，然后用显微镜检查虫卵。

1）沉淀法。此法适用于检查吸虫卵。取粪便5g，加清水100mL以上，搅半均匀，成粪汁，通过260～250μm（40～60目）铜筛过滤，滤液收集于烧杯或三角烧瓶中，静置沉淀20～40min后，倾去上层液，保留沉渣。再加水混匀，再沉淀，如此反复操作直到上层液体透明后，吸取沉渣检查。

2）漂浮法。此法适用于线虫卵的检查。取粪便10g，加饱和食盐水100mL，混合均匀后，通过250μm（60目）铜筛，滤入烧杯中，静置半小时，则虫卵上浮；用一直径5～10mm的铁圈，与液面平行接触以蘸取表面液膜，抖落于载玻片上进行检查。也可取粪便1g，加饱和食盐水10mL，混合均匀，筛滤，滤液注入试管中，补加饱和盐水溶液使试管充满，管口覆以盖玻片，并使液体和盖玻片接触，其间不留气泡，直立半小时后，取下盖玻片镜检有无虫卵。

以上所用漂浮法和沉淀法，均使液体静置待其自然下沉或上浮。也可将以上粪液置于离心管中，在离心机内离心，借助离心力以加快其沉淀或上浮过程。常用的漂浮液饱和食盐水是在1 000mL水中加食盐380g，比重约为1.18。饱和硫代硫酸钠溶液是在1 000mL水中加硫代硫酸钠1 750g，比重在1.4左右。此外还有饱和硫酸镁溶液、硫酸锌溶液等。

3）锦纶筛兜集卵法。此法适用于检查宽度大于60μm的虫卵。取粪便5～10g，加水搅拌均匀，先通过260μm（40目）的铜丝筛过滤；过滤液再通过58μm（260目）锦纶筛兜过滤，并在锦纶筛兜中继续加水冲洗，直到洗出液体清澈为止；之后取兜内粪渣涂片检查。

15 猪螨病的检查方法有哪些？

检查猪螨病有直接检查法和显微镜直接检查法。疥螨、痒螨等大多数寄生于猪的体表或皮内，如耳部、大腿的内侧等部位，刮取

该部位的皮屑。刮取时先剪毛，取凸刃小刀在酒精灯上消毒，用手握刀，使刀刃与皮肤表面垂直，反复刮取皮屑，刮到皮肤轻微出血为止。对于蠕形螨病，可用力挤压病变部，挤出脓液，将脓液涂于载玻片上供检查。

⚠️ **【注意】** 应选择患病皮肤与健康皮肤交界处，此处螨虫数量较多。该部位对检查皮内寄生的疥螨尤为重要。刮取皮屑时，应刮到皮肤轻微出血。

（1）直接检查法 在没有显微镜的情况下，可将刮下的干燥皮屑，放于培养皿内或黑纸上，在日光下暴晒，或用热水或炉火等对皿底或黑纸底面进行40～50℃的加温，经20～40min后，移去皮屑，用肉眼观察（如在培养皿中，观察时则应在皿下衬以黑色背景），可见白色虫体在黑色背景上移动。此法仅适用于体形较大的螨，如痒螨。

（2）显微镜直接检查法 将刮下的皮屑，放于载玻片上，滴加1滴煤油，覆以另一张载玻片，两片搓压使病料散开，分开载玻片，覆以盖玻片，放置显微镜下检查。煤油有透明皮屑的作用，容易发现虫体，但虫体在煤油中容易死亡。所以，如要观察活螨，可使用10%氢氧化钠溶液、液状石蜡油或50%甘油水溶液滴于病料上，这些溶液，可使虫体在短期内存活。

16 目前药敏试验的主要方法有哪些？

药敏实验目是测定药物对病原体的敏感程度，以便准确有效地利用药物治疗疾病。目前临床微生物实验室进行药敏试验的方法主要有纸片扩散法、稀释法（包括琼脂和肉汤稀释法）、抗生素浓度梯度法和自动化仪器法等。

17 怎样进行药敏试验？

（1）制备培养基 特殊细菌的培养需要特定的培养基，在临床上一般使用普通营养琼脂培养基或绵羊血营养琼脂培养基。

市场上有配制好的普通营养琼脂培养基粉，按说明取用适量的培养基粉，加入蒸馏水，边加热边搅拌，使之溶化，溶化后，倒入洗净干燥后的培养皿中，厚度约 5 ~ 6mm，冷却后用牛皮纸包扎正立放入高压灭菌锅中 121℃ 灭菌 15 ~ 20min，冷却后使用或放入 4℃ 冰箱中备用。

（2）制备细菌培养物 在对病死猪解剖时，用烧烙过的接种环蘸取病料，划线使病料均匀地分布在整个培养皿中，或者用镊子、手术刀等在酒精灯火焰上烧烙，切取肝、脾等器官一小块，使用新鲜创面在培养基上涂满，操作时可避免感染其他杂菌。

（3）药敏片法 该法较简单，成本低，易操作。是将含有抗菌药物的滤纸片贴在已接种了测试菌的琼脂表面上，滤纸片中的药物在琼脂中扩散。操作方法是将镊子于酒精灯火焰上灭菌后略停，取市购的药敏片贴到培养基表面。为了使药敏片与培养基紧密相贴，可用镊子轻轻按压几下药敏片。每个培养皿所用药敏片的数量和分布可根据培养皿的大小确定，一般采用中央贴一片，周围等距离贴5 ~ 7 片。要记住每种药敏片的名称。

1）恒温培养。将贴上药敏片的培养基置于 37℃ 恒温培养箱中培养 24h 后，观察结果。

2）结果观察。药敏试验的结果，应将抑菌圈直径大小作为判定敏感度高低的标准。一般抑菌圈直径在 15mm 以上为高敏，10 ~ 15mm 为中敏，10mm 以下为低敏，无抑菌圈的为不敏。

⚠️ **【注意】** 做药敏试验后，应选择高敏药物进行治疗，也可选用两种药物协助使用，以减少耐药菌株。

（4）打孔法 适用于商品药物的检测。

1）用经酒精灯火焰灭菌的接种环挑取适量细菌培养物，以划线方式将细菌涂布到平皿培养基上。用灭菌接种环取适量细菌分别在平皿边缘相对四点涂菌，以每点开始划线涂菌至平皿的 1/2。然后，找到第二点划线至平皿的 1/2，依次划线，直至细菌均匀密布于平皿。（另：可挑取待试细菌于少量生理盐水中制成细菌混悬液，用灭菌棉拭子将待检细菌混悬液涂布于平皿培养基表面。要求涂布均匀致密。）

2）以无菌操作将灭菌的不锈钢小管（外径为 4mm、孔径与孔距均为 3mm，管的两端要光滑，也可用玻璃管、瓷管），放置在培养基

第一章 猪病的分类及猪病的诊断技术

上打孔,将孔中的培养基用针头挑出,并以火焰封底,使培养基能充分地与平皿融合(以防药液渗漏,影响结果)。

3)加样。按不同药液加样,样品加至满而不溢为止。

4)恒温培养。将平皿培养基置于37℃温箱中培养24h后,观察效果。

5)结果观察。过夜培养后形成一个抑菌圈,抑菌圈越大,说明该菌对此药敏感性越大,反之越小,若无抑菌圈,则说明该菌对此药具有耐药性。其直径大小与药物浓度、划线细菌浓度有直接关系。

第二章
猪病的治疗技术

18 猪的肌内注射如何操作?

肌内注射是临床上常用和基本的操作方法，简单易操作。对于一般刺激性较轻的药液和较难以吸收的针剂，均可用作肌内注射。

【操作方法】 应选择肌肉丰满的臀部和颈部，此处无大血管，出血少。首先用5%碘酊由内向外进行消毒，再用75%酒精进行同样的消毒，消毒后，左手的拇指和食指将注射部位皮肤绷紧，右手持注射器，使针头与皮肤成60°角快速插入，深度约2～2.5cm，回抽针管内芯，无血液回流，便可快速推注，快速退出。如出血，按压片刻。注射完毕后，局部应再次用酒精消毒。

19 猪的皮下注射如何操作?

对于易溶解、刺激性小或无刺激性的药物及疫苗，均可用作皮下注射。

【操作方法】 注射部位多在猪的耳根后部、腹下或股内侧。同样用5%碘酊和75%酒精进行消毒，以左手的拇指、食指和中指将皮肤轻轻捏起，形成一个三角形皱褶，右手将注射器针头水平刺入皱褶处的皮下，深度约1.5～2cm，针头可以晃动，推注时没有阻力。注完药液后，用酒精棉球按住进针部的皮肤，拔出针头，轻轻按压进针部位的皮肤。

由于皮下注射是将药液注射到皮肤与肌肉之间的疏松组织中，靠毛细血管的吸收而作用于机体，而皮下有脂肪层，吸收较慢，所以一般5～20min才产生药效。

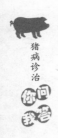
20 猪的口腔投药如何操作？

当病猪不能进食或药物有异味时，常采用口服法。

【操作方法】 首先将猪保定好，用开口器或一根细木棍撬开猪的口腔，将药液倒入啤酒瓶子里或一斜口细竹筒内，灌服药液，当猪叫声不断时，暂停灌服。防止药液呛入气管，引起异物性肺炎或窒息死亡。应注意间歇、少量、慢灌，不要过急或多量。

小猪可用不带针头的注射器或小匙，从猪舌侧面靠腮部缓慢推入或倒入药液，使猪自由吞咽。如猪含药不吞咽时，可摇动木棍促使其咽下。若用投药管投药，必须将开口器由口角插入，开口器的圆形孔位于口中央的位置，将导管的前端由圆形孔徐徐插入咽部，随着猪的吞咽动作送入食道。

【小技巧】>>>>>

如何判断导管是否进入食管呢？

将导管的后端握住，感觉有抵抗力的负压状态，证明已投入食管，相反若插入到气管里，会出现咳嗽，不呈抵抗力的负压状态，导管上的容器出现气泡，应将投药管拔出后重新插入，确认无疑后将药剂容器连接于导管上进行投药。

21 猪的静脉注射如何操作？

对于剂量较大且有刺激性的药液（如氯化钙、高渗葡萄糖液、高渗盐水等）应用作静脉注射。

【操作方法】 静脉注射的部位多为耳静脉，将针头沿耳静脉纵轴平行刺入，若进针正确，可见有回血现象；再将针头顺血管向前推进，然后固定针头，使药液缓缓滴入。注射完毕后，须用干棉球按压注射部位，然后拔出针头，进行局部消毒，以免血液顺针孔流入皮下形成血肿。静脉注射所产生的药效作用最快。

⚠ **【注意】** 注射钙制剂时不能将药液漏出血管，以免造成血管坏死。

22 猪的灌肠如何操作？

当便秘或肠道有炎症时需采取灌肠。灌肠可直接作用于肠黏膜，使药液、营养液被吸收、排出宿便，以及除去肠内分解产物与炎性渗出物，达到治疗疾病的目的。

【操作方法】 先将胶管一端涂上肥皂液，缓慢插入直肠，在胶管另一端接上盛水容器，可灌入药液、营养液、温水或肥皂水等。

⚠ **【注意】** 向肛门插入胶管时要缓慢进行。

23 猪的气管注射如何操作？

气管注射是将药液直接注射到气管内，注射部位在气管的上 1/3 处。多用于肺部驱虫及治疗气管和肺部疾病。

24 猪的腹腔注射如何操作？

当猪发生腹泻性疾病时，脱水比较严重，需要快速补液或在耳静脉不易注射时采用此注射法进行补液效果更好。注射的部位：大猪在耻骨前缘下 3~5cm 中线（白线）侧方；小猪在脐部至耻骨前缘连线中部，离开腹中线 2~5cm 左（右）旁侧。缘下 3~5cm 中线（白线）侧方。

25 猪的子宫冲洗如何操作？

子宫冲洗液可用 1% 的温生理盐水、0.02% 新洁尔灭、0.1% 高锰酸钾或 1%~2% 碳酸氢钠等 1 500~2 000mL。可用消毒过的输精管或者胃导管输注冲洗液，将输精管从阴门朝阴道前上方插入，插入 15cm 左右会遇到子宫颈口阻止，要耐心地慢慢刺激子宫颈口，一般在 2min 以后子宫颈口可以开张，此时输精管即可顺利插入（根据母猪个体不同，输精管可以插入 30~45cm）。用大注射器把冲洗液缓慢注入子宫；与此同时，一些脓汁或坏死组织伴随冲洗液被带出体外。冲洗后要驱赶母猪活动，将残存的溶液尽量排出。最后向子宫内注入 200 万~400 万单位青霉素或其他抗生素类药物。

26 猪常用的穿刺技术有哪几种？如何操作？

猪常用的穿刺技术有腹膜腔穿刺，膀胱穿刺，血肿、脓肿、淋巴外渗的穿刺等。

（1）腹膜腔穿刺 在临床上利用腹膜腔穿刺技术诊断胃肠破裂、内脏出血、膀胱破裂、肠变位等疾病；对于严重腹水疾病可经穿刺放出腹水，或向腹腔内注入药液治疗某些疾病；利用穿刺液的检查判断是渗出液还是漏出液。

【穿刺部位】 在猪的腹白线一侧。

【操作方法】 穿刺部位要先进行消毒，用灭菌的14～20号针头垂直刺入皮肤，当针头透过皮肤后，应缓慢向腹腔内推进，若针头遇到阻力明显减退时，说明针头已进入腹腔内，腹水经针头流出时应立即用注射器抽吸。如果用于诊断性穿刺，当腹水流出后立即用注射器抽吸；如果用于放出腹水，使用针体上有2～3个侧孔的针头穿刺，可防止针孔阻塞。穿刺完毕，拔下针头用碘酊消毒术部。

（2）膀胱穿刺 对因尿道阻塞引起的急性尿潴留，经膀胱穿刺可暂时缓解膀胱的内压，防止内压过大而继发膀胱破裂；通过膀胱穿刺可采集尿液进行检验。

【穿刺部位】 在猪的耻骨前缘3～5cm处腹白线一侧的腹底壁上。

【操作方法】 采取仰卧保定，术部消毒后，用左手隔着腹壁固定膀胱，右手持灭菌的16～18号针头刺入皮肤，经肌肉、腹膜、膀胱壁刺入膀胱内，尿液即可从针头内流出。

（3）血肿、脓肿、淋巴外渗的穿刺

1）血肿的穿刺。血肿是因皮下组织、肌肉组织内血管破裂所形成的，形成得很快，肿胀迅速增大，呈现明显的波动感或饱满有弹性；4～5天后，肿胀周围有坚实感且有捻发音，中央有波动，局部增温，通过穿刺可排出血液。在穿刺前局部剪毛、消毒，用灭菌的14～16号针头于血肿肿胀最明显处深深刺入，针头内可流出血液，新发生的血肿可流出鲜红色新鲜血液；4～5天后，血肿流出污黑色血液，陈旧性血肿的穿刺仅能流出淡黄色血清或抽不出液体。

2）脓肿的穿刺。穿刺之前对术部剪毛、消毒，用灭菌的 14～16 号针头于脓肿肿胀最明显处穿刺，已成熟的脓肿于波动最明显处穿刺，深在性脓肿于皮肤最紧张、敏感处穿刺。当针头进入脓腔后即可从针头内流出脓汁，如果脓汁过分黏稠则穿刺排不出脓汁，此时应拔出针头观察针孔内有无脓汁附着。脓肿尚未成熟时应禁止穿刺，以防感染扩散。

3）淋巴外渗的穿刺。穿刺部位为淋巴外渗隆起最明显处。局部剪毛、消毒后，用灭菌的 14～16 号针头经皮肤刺入囊腔内，即可从针头内流出橙黄色稍透明液体或混有少量血液的液体，有时穿刺液内会混有纤维素块。穿刺完毕，拔下针头消毒术部以防感染。

27 猪常用的麻醉方法有哪几种？使用全身麻醉剂的注意事项有哪些？

（1）常用的麻醉方法 猪常用的麻醉方法有全身麻醉和局部麻醉两种。

1）全身麻醉。麻醉药经呼吸道吸入或肌内、静脉注射，使中枢神经系统被抑制，呈现神志消失、全身无疼感、肌肉松弛和反射抑制等现象，这种方法称为全身麻醉。抑制深浅与药物在血液内的浓度有关，当麻醉药从体内排出或经体内代谢被破坏后，动物逐渐清醒，不留后遗症。

临床上常用注射麻醉法，这种方法常用的麻醉药有戊巴比妥钠、硫喷妥钠、氨基甲酸乙酯等。猪可腹腔注射给药，也可静脉注射给药。

2）局部麻醉。用局部麻醉药阻滞周围神经末梢或神经干、神经节、神经丛的冲动传导，产生局部性麻醉区的方法称为局部麻醉。其特点是动物保持清醒，对重要器官功能的干扰轻微，麻醉并发症少，是一种比较安全的麻醉方法。

局部麻醉操作方法很多，可分为表面麻醉、局部浸润麻醉、区域阻滞麻醉以及神经干（丛）阻滞麻醉。

① 表面麻醉。利用局部麻醉药的组织穿透作用，透过黏膜阻滞表面的神经末梢的方法称为表面麻醉。在口腔及鼻腔黏膜、眼结膜、

尿道等部位手术时，常把麻醉药涂敷、滴入、喷于表面上，或尿道灌注给药，使之麻醉。

② 区域阻滞麻醉。在手术区四周和底部注射麻醉药阻断疼痛的向心传导，该法称为区域阻断麻醉。常用药为普鲁卡因。

③ 神经干（丛）阻滞麻醉。在神经干（丛）的周围注射麻醉药，阻滞其传导，使其所支配的区域无疼痛的方法称为神经干（丛）阻滞麻醉。常用药为利多卡因。

④ 局部浸润麻醉。沿手术切口逐层注射麻醉药，使药液的张力弥散，浸入组织，麻醉感觉神经末梢的方法称为局部浸润麻醉。常用药为普鲁卡因。在施行局部浸润麻醉时，先固定好猪，用0.5% ~1%盐酸普鲁卡因皮下注射，使局部皮肤表面呈现一橘皮样隆起，称为皮丘，然后从皮丘进针，向皮下分层注射，在扩大浸润范围时，针尖应从已浸润过的部位刺入，直至要求麻醉区域的皮肤都浸润为止。

> ⚠ 【注意】 每次注射时，必须先抽注射器，以免将麻醉药注入血管内引起中毒反应。

（2）使用全身麻醉剂的注意事项

1）仔细观察猪的呼吸脉搏变化，如已达到所需麻醉的程度，余下的麻醉药则不用，避免麻醉过深抑制延脑呼吸中枢导致其死亡。先用麻醉药总量的2/3。

2）给猪施行麻醉术时，一定要注意方法的可行性，根据不同手术选择合适的方法。

3）麻醉剂的用量，除参照一般标准外，还应考虑猪个体对药物的耐受性不同，而且体重与所需剂量的关系也并不是绝对成正比的。一般来说，衰弱和过胖的猪体，其单位体重所需剂量较小，在使用麻醉剂过程中，随时检查猪体的反应情况，尤其是采用静脉注射时，绝不可将按体重计算出的用量匆忙进行注射。

4）猪在麻醉期体温容易下降，要采取保温措施。

5）静脉注射必须缓慢，同时观察肌肉紧张、角膜反射和对皮肤夹捏的反应，当这些活动明显减弱或消失时，应立即停止注射。配制的药液浓度要适中不可过高，以免麻醉过急；但也不能过低，以减少注入溶液的体积。

6）在寒冷冬季，麻醉剂在注射前应加热至与猪的体温相同的温度。

28 猪的洗胃如何操作？

当猪采食了某些有毒物质（有机磷农药、汞化物、腐烂的菜类等）后，要采取抢救措施，首先就是给猪洗胃。具体方法是将猪保定好，用木棍撬开猪嘴，再将开口器由口角插入，开口器圆形孔置于中央，然后将洗胃管通过开口器的小孔慢慢地送入咽喉部，待猪有吞咽动作时，趁机将洗胃管送进食道，直到感觉洗胃管略有阻力。这时把漏斗下一段洗胃管折弯，再用右手挤压小胶球，小胶球若鼓不起来，说明已插入食道；也可以将管口靠近耳边听是否有呼吸气流冲出，若听不到声音，则确定已插入食道。可再继续送至适当的深度，将漏斗接于导管开始洗胃。等药液全部流进胃后，再插上小胶球用手挤压使药液充分吸收。重者应再重复进行 1~2 次。

使用什么药物洗胃，要依据采食了什么毒物而定，洗胃选用药物参考表见表 2-1。

表 2-1　洗胃选用药物参考表

病　　名	选用药物
猪有机磷农药中毒	2%~3% 碳酸氢钠溶液或食盐水
猪亚硝酸盐中毒	0.2% 高锰酸钾溶液
猪氢氰酸中毒	0.05% 高锰酸钾，0.03% 过氧化氢溶液
猪汞化物中毒	5% 次亚硫酸甲醛溶液
猪氟化物中毒	3% 过氧化氢溶液
猪砷制剂中毒	2% 氧化镁洗胃溶液
猪土豆中毒	1% 鞣酸溶液，0.05% 高锰酸钾溶液

第三章
猪传染病的防治技术

29 目前临床上发生较多的猪传染病有哪些?

目前临床上发生较多的猪传染病有猪瘟、猪伪狂犬病、猪链球菌病、猪口蹄疫、猪副嗜血杆菌病、猪传染性胸膜肺炎、猪繁殖与呼吸综合征、猪圆环病毒病、猪流行性腹泻、猪传染性胃肠炎、猪轮状病毒感染、猪大肠杆菌病、猪痢疾、仔猪副伤寒、猪气喘病、猪肺疫、猪传染性萎缩性鼻炎、猪细小病毒病等。但目前在临床上以混合感染的形式出现的较多,如猪瘟+猪繁殖与呼吸综合征;猪瘟+猪肺疫;猪瘟+猪链球菌;猪瘟+猪附红细胞体;猪链球菌+猪副嗜血杆菌;猪圆环病毒+猪附红细胞体;猪链球菌+猪附红细胞体等。

30 哪些猪传染病可引起种猪繁殖障碍?

引起种猪繁殖障碍的猪传染病有:猪瘟、猪伪狂犬病、猪口蹄疫、猪细小病毒病、猪繁殖与呼吸综合征、猪链球菌病、猪圆环病毒病、猪乙型脑炎、猪布鲁氏菌病、猪李氏杆菌病、猪衣原体病等。猪繁殖障碍病的表现是流产,产死胎、木乃伊胎,不孕、不育等。

31 猪传染病的发展分为哪几个时期?

(1)潜伏期 由病原体侵入机体并进行繁殖时起,直到疾病的临床症状开始出现为止,该段时间称为潜伏期。不同传染病潜伏期的长短是不同的，同一传染病潜伏期的长短也有很大的变动。一般来说，急性传染病的潜伏期差异范围较小，慢性传染病及症状不很明显的传染病其潜伏期差异较大。同一种传染病潜伏期短促时，疾病常常是较严重，潜伏期较长时疾病的病程较为缓和。

（2）前驱期 是疾病的先兆阶段，其特点是临床症状开始表现出来，但该病的特征性症状仍不明显。多数传染病的前驱期，仅可察觉一般的症状，如体温升高、食欲减退、精神异常等。各传染病和各病例前驱期长短不一，通常只有数小时至一两天。

（3）明显期（发病期） 在前驱期之后，疾病的特征性症状逐渐表现出来（如疹块型猪丹毒，出现明显疹块），该期是疾病发展的高峰阶段。

（4）转归期（恢复期） 这一时期猪逐步恢复健康，在猪的机体抵抗力增强或病原毒力较弱时，临床症状逐渐消退，病理变化逐渐减弱，生理机能逐渐恢复，但在病后的一定时期内还有带菌（毒）排菌（毒）的现象。当病原体致病性增强或猪的机体抵抗力弱时，猪以死亡为转归。

⚠️ **【注意】** 恢复后的猪仍需要隔离观察一定的时间再合群并圈。

32 猪传染病的发生与发展必须具备哪几个环节？

（1）传染源 也称传染来源，是指体内有某种传染病的病原体寄居、生长、繁殖，并能向外排毒的动物机体。具体说就是受感染的猪，包括病猪和带菌（毒）的猪。

1）患病猪。患病猪是重要的传染源，尤其是前驱期和症状明显期的猪，在急性过程或病程转剧阶段可排出大量毒力强大的病原体。潜伏期和恢复期的病猪随病种不同，其传染源的作用强度也不同。

2）病原携带者。是指外表无症状，但携带并排出病原体（病毒、细菌、寄生虫）的猪。病原携带者可分为带毒者、带菌者、带

虫者。

潜伏期的病原携带者是指感染后至症状出现前就能排出病原体的猪，如携带猪瘟、口蹄疫等病原体的猪。恢复期的病原携带者是指在临床症状消失后仍能排出病原体的猪，如携带猪气喘病等病原体的猪。健康病原携带者是指过去没有患过某种传染病但却能排出该种病原体的猪，如携带猪巴氏杆菌病、猪沙门氏菌病、猪丹毒等病原体的猪。

总之，消灭传染源是预防猪传染病的重要环节之一。

> ⚠ **【注意】** 病原携带者存在间歇排毒的现象，需同样注意观察机体的变化情况；控制隔离病猪，细心观察同窝未发病的猪和康复不久的猪。

（2）传播途径 病原体由传染源（病猪）排出后，经一定的方式再侵入其他易感动物所经的途径称为传播途径。传播途径可分水平传播和垂直传播两大类。

水平传播分直接接触传播和间接接触传播两种。

1）直接接触传播。在没有任何外界因素的参与下，病原体通过被感染的猪与易感性高的猪直接接触（交配、舔咬等）而引起的传播方式。

2）间接接触传播。必须有外界环境因素的参与，病原体通过传播媒介如车辆、鸭嘴饮水器等，使易感猪发生传染的方式，称为间接接触传播，大多数传染病是这种传播方式，如猪口蹄疫、猪瘟等病的传播。

间接接触传播的主要传播途径有以下几种。

① 经空气传播。冬春季节，当畜群密度大、潮湿、阴暗、通风不良，容易患呼吸性的疾病，如猪结核病、猪气喘病、猪流行性感冒等。

② 经污染的饲料和饮水传播。当饲料仓库、饮水、饲料加工厂、畜舍、牧地、水源、有关人员和用具被污染后，饲料和水再进入消化道就会传播疾病，如猪大肠杆菌病等腹泻疾病。做好相应的防疫、消毒和卫生管理是切断传播途径的重要环节。

③ 经活的媒介物传播。如通过蝇、蚊、鼠、虻、螺和蜱类等传

播，饲养人员、管理人员、兽医工作者进出病畜和健康的畜舍也是一种传播途径。

④ 经使用工具和器械传播。如通过运输工具、食槽、饮水器、医用体温计、注射器、针头等传播。

总之，切断传播途径也是预防猪传染病发生的重要环节。

⚠ 【注意】 搞好环境、用具等消毒工作，消灭虻、蝇、蚊、蠓和蜱等节肢动物，消灭鼠类，以切断传播途径。

（3）**易感猪群** 指猪对某种传染病抵抗力的强弱，机体抵抗力强，猪群易感性就小，发病的机会就少；机体抵抗力弱，猪群发病的机会就多。当然，猪群的易感性由猪群内在因素、猪群外界因素、猪群特异免疫状态等多种因素决定。

⚠ 【注意】 要在提高猪机体抵抗力上下功夫，加强平时的饲养管理，喂全价的配合饲料，创造良好舒适的环境条件，使易感猪群转变为不易感猪群。

㉝ 猪传染病流行的特征（形式）有哪些？

（1）**散发性** 猪病发生没有规律性，在局部地区呈个别地、零星地散在的病例随机发生，称为散发。

出现散发的原因可能是，猪群对某病的免疫力较高，某些病的隐性感染比例较大，某病的传播需要一定的条件。如猪的破伤风病，必须具备外伤和厌氧的环境（外伤从表面上看似已经愈合，痂皮下深处形成了厌氧的环境）。

（2）**地方流行性** 在一定的地区和猪群中，呈比较小规模流行的传染病（即病的发生有一定的地区性）。

（3）**流行性** 是指在一定时间内一定猪群出现比较多的病例，其范围大于地方流行。

（4）**暴发** 一般认为，某种传播病在一个猪群或一定地区范围内，并且在短期内突然出现很多的病例，与流行性大致相同。一般情况下是长途运输、环境的突变，使得猪机体抵抗力下降，短期内暴发某种疾病。

第三章 猪传染病的防治技术

（5）**大流行** 呈大规模的流行。流行范围可扩大至全国，甚至可涉及几个国家。如猪口蹄疫、禽流感。

⚠️ **【注意】** 对于大流行的猪病要采取销毁处理的措施，如深埋、火烧、化制（有条件的可用来炼制工业用油）、发酵等处理方式，并严格封锁疫区和疫点。

34 猪传染病的预防措施有哪些？

（1）**疫（菌）苗预防** 疫（菌）苗是用活的减毒或无病原性的病毒（细菌）或用化学药剂杀死病毒（细菌）制成的生物制品。通常将菌苗和疫苗统称为疫苗，是预防猪传染病发生最重要、最有效的措施之一。

在养猪生产实际中，针对某种传染病，按照免疫程序科学、合理地接种特定生物制品（疫苗），使猪产生对此种病的特异性抵抗力，是使易感猪群转化为不易感猪群的一种手段。如注射猪瘟疫苗，以预防猪瘟的发生。在临床上也叫免疫预防或免疫接种。

该种预防措施是临床上常用的防治猪各种传染病的重要手段之一。但是到目前仍有部分养殖户存有侥幸心理，不按照合理的免疫程序进行预防接种。当猪发病后舍得花钱治病，但舍不得在预防上下功夫。致使某些传染病得不到相应的控制，拖延病情，造成严重的经济损失。

⚠️ **【注意】** ① 充分认识疫苗预防的重要性。某些病毒性传染病（如猪瘟、猪口蹄疫、猪繁殖与呼吸综合征等）目前还没有特效的药物能够治疗，只有采取多种预防措施加以预防，以减少和控制传染病的发生，否则就会给养猪生产带来严重损失。

② 在预防的过程中对暂时有病的、弱小的、不能注射疫苗的猪，待条件合适后要进行补防（补种），做到头头预防不漏网。

③ 使用器械要严格消毒，做到一头猪一个注射器。

（2）**药物预防** 给易感猪群定期服用中药、某些抗生素或注射某一类药物，以抑制或杀灭病原体，预防或控制传染病的发生。这是一项很重要的预防措施，也是许多养猪户经常选用的预防办法。

⚠️ 【注意】 商品猪在出栏上市前一个月停止用药，避免猪内药残过多，影响产品质量。

（3）**环境消毒** 使用消毒药物对圈舍、用具等生活环境及周围环境定期或不定期地进行严格的清洁消毒，包括带猪消毒，以杀灭环境中的病原体，这是切断传播途径的重要手段。

⚠️ 【注意】 在生产实际中，将几种消毒药物交替使用可提高消毒效果。

（4）**隔离饲养** 病猪应隔离饲养，有专门的饲养人员管理病猪，不允许交叉喂养，以免交叉感染。

⚠️ 【注意】 禁止未消毒外来人员随意进出未发病猪场，以免将病原体带入场、圈，导致传染病的发生或流行。

（5）**减少应激** 猪舍内应保持清洁、干燥、通风、保暖及适当饲养密度。减少各种不良环境的干扰，如噪声、其他动物的进入、咬斗等。

（6）**自繁自养** 自繁自养是控制疾病的重要措施，生产中确实需要引种时应全面了解各猪场的发病及防疫情况，到无病、正规的猪场购买猪种，运回后隔离观察2周以上，经检疫合格及消毒后方能进入该进的猪舍。

（7）**灭鼠、灭蚊蝇** 鼠类、蚊蝇也是重要的传播媒介，对猪场应经常性灭鼠、灭蚊蝇，并严禁养狗、猫、鸟类等动物。

⚠️ 【注意】 密闭式猪舍要安上网窗，防止蚊蝇及鸟类飞进猪舍传播病原。

（8）**定期驱虫** 每年对断奶后的仔猪进行1~2次体内驱虫工作，随时观察有无体外寄生虫。对患有寄生虫病的猪要合理用药，及时治疗。

⚠ 【注意】 驱虫后的粪便要及时打扫，堆积发酵，杀灭虫卵后可用于肥田；地面要用水冲洗或消毒。

35 养猪生产中怎样实施传染病的免疫接种？

（1） 预防接种 为了预防传染病发生、发展与流行，有计划地定期按照猪场实际制订的合理的免疫程序给健康猪群进行预防注射。一般接种后 7 ~ 15 天可获得数月至半年的免疫力。例如，使用猪瘟等疫苗进行定期预防接种，结合良好的饲养管理，在一定的时间内能控制本病的传播与蔓延。

（2） 紧急接种 是指当发生了传染病，为迅速控制和扑灭传染病的流行而在疫区和受威胁区对尚未发病的易感猪群进行的临时性免疫接种。目的是把疫情控制在疫区内（最小的范围）就地消灭，防止疫情扩散，避免周围的受威胁区发病。

⚠ 【注意】 不论采用哪种方式的免疫接种，使用后的空疫苗瓶子要深埋或火烧，不得到处乱扔、乱放；使用的器械应全部消毒。

36 免疫接种方法有哪些？疫苗的种类有哪些，其制作过程及特点分别是什么？

免疫接种方法有肌内注射、皮下注射、口服（饮水、拌料）和气雾（吸入）法。注射法，常用于规模较小的猪场和养猪专业户，注射前必须有计划地组织好人力、物力，除临时不能接种的，要头头注射，使得效果最佳；对大型猪场，为节约人力资源和时间，减轻人们的工作强度，可根据疫苗的使用说明书，酌情采用饮水免疫和气雾免疫进行免疫接种。

疫苗种类、制作过程和特点见表 3-1。

表 3-1　疫苗种类、制作过程和特点

疫苗种类	制作过程	特点
活苗（弱毒苗）	减弱病原毒力或用无毒力原毒微生物	作用持久，但有一定活性
死苗（灭活苗）	病原体被杀死或灭能	安全稳定，需多次注射

疫苗种类	制作过程	特　点
亚单位疫苗	按病原保护性抗原肽谱与载体结合后，诱导动物产生抗体	无不良反应，免疫效力高
基因缺失疫苗（重组苗）	将编码保护性抗原的基因插入载体基因中去	稳定
合成肽苗	按病原保护性抗原肽谱与载体结合后，诱导动物产生抗体	针对性强
类毒素	细菌产生的外毒素经甲醛处理后，失去毒性保留免疫源性	针对性强

37 实施免疫接种前后应注意哪些事项？

（1）**要保存好疫苗**　根据疫苗的性质和特点，要妥善保存，死疫苗、弱疫苗等要在冰箱的冷藏室低温保存，温度在 2～8℃之间，防止冻结。弱毒苗要保存在冰箱（柜）的冷冻室，要求在 -15℃以下。保存时间不得超过该生物制品所规定的有效保质期。

（2）**要认真检查疫苗**　使用疫苗前要认真阅读疫苗的说明书，了解和掌握该疫苗的使用方法、使用剂量、注意事项及稀释比例。要注意观察瓶签上的名称、批号、有效日期等是否完整，瓶口、胶盖是否密封完好无损、有无松动，瓶内疫苗是否有异物等异常变化、冻干苗是否有失空皱缩等现象。不正常的疫苗、过期的疫苗一律不准使用，以免人为地造成不良后果。

（3）**要严格消毒使用器械**　稀释疫苗和接种疫苗的器械及用具，使用前后必须彻底清洗干净，然后再采用不同的方法进行彻底的消毒。以免造成疫苗的污染或继发感染。

（4）**要合理稀释疫苗**　稀释疫苗时，要按说明书的稀释比例要求合理稀释疫苗，不得随意调整，稀释后要充分摇晃均匀，在瓶塞上固定一个专用针头吸药，针头上盖上灭菌棉球。

（5）**要按步骤规范操作**　第一步对皮肤进行消毒后注射疫苗，动作要迅速；必须做到一头猪一个针头，或一头猪一个注射器，防

止交叉感染。第二步稀释或开瓶后的疫苗，应放在冷暗处，并在规定的4h内用完。第三步稀释后未用完的疫苗和用完的空瓶要深埋或火烧；千万不要在猪舍内或圈舍周围乱扔乱放，特别是活疫苗瓶，容易引发传染病的扩散和流行。

⚠️ **【注意】** 拌料口服用的疫苗用量要适当；禁止用偏酸性饲料、发酵和酸败饲料等；更不能用热食、热水和含氯（漂白粉）高的水，使用自来水时，要沉淀12h以上再用，以免疫苗失效，有条件的最好使用深井水。

（6）接种前后禁用药物 接种前后一周不得使用抗生素，但在水和料中可以加入维生素C，因维生素C有抗应激效果；有条件的在使用疫苗前，进行抗体监测，根据血清抗体滴度确定免疫接种时间，可提高免疫预防效果。

（7）要认真观察免疫反应 接种疫苗后，猪都会产生免疫反应，有正常反应、严重反应、过敏反应等几种情况。要注意观察严重反应和过敏反应，如果出现体温升高、食欲减退或不食的猪，应立即进行隔离治疗。

一是对疫苗的种类、性质、生产过程、运输条件、保存方法及免疫接种是否符合猪场实际的免疫程序等进行全面的了解，做到充分发挥疫苗的效能。如果使用灭活苗，产生免疫力的速度慢，免疫期短，不受体内原有抗体的影响；使用活疫苗，产生免疫力的速度快，免疫期长，容易受体内抗体的影响，并且活苗可使其中的活菌（病毒）数量降低，影响免疫接种效果。二是在免疫的过程中，可能会出现免疫接种方法不当，不是根据猪场实际制订的合理免疫程序进行免疫，或将多价苗联合用或同时接种两种或两种以上的疫苗，其中一种成分的抗原性强，干扰或掩盖了其他抗原成分的免疫反应，影响整体免疫效果等所有问题，只有全面、认真、细致地考虑出现的相应问题，才能保证免疫效果最佳。

38 在《中华人民共和国动物防疫法》中规定的猪一、二类疫病有哪些？

一类动物疫病主要包括猪口蹄疫、猪瘟、猪水疱病、非洲猪瘟。

二类动物疾病有猪链球菌病、猪魏氏梭菌病、猪狂犬病、猪伪狂犬病、猪炭疽、猪副结核、猪布鲁氏菌病、猪弓形虫病、猪棘球蚴病、猪钩端螺旋体病、猪繁殖与呼吸综合征、猪乙型脑炎、猪细小病毒病、猪丹毒、猪肺疫、猪传染性萎缩性鼻炎、猪气喘病（猪支原体肺炎）、猪囊虫病、猪旋毛虫病。

39 对一般传染病（二或三类传染病）应采取哪些措施？

（1）隔离治疗 当发生一般性传染病时，应对发病猪群及邻近猪群进行认真、全面的检查，逐头测体温，发现病猪立即进行隔离治疗。

（2）紧急免疫接种或预防性治疗 对疑似感染的猪，虽然未出现任何症状，但与病猪及其污染环境有过明显的接触（同窝同群），仔细观察其行为与表现。有条件的立即进行紧急免疫接种或预防性治疗。

对假定健康的猪和受威胁区的猪，应立即进行紧急免疫接种，提高猪群的免疫保护力。有条件的转移到偏僻地方或根据实际情况分散喂养。总之，要加强防疫、做好消毒工作及采取相应的保护措施。

进行紧急免疫接种的顺序依次是受威胁区的猪、假定健康的猪、疑似病猪。对新发生的细菌性传染病，在没有相应的疫苗生产时可实行药物预防，采用普遍饲喂抗生素或配合中药的方法，连喂 4～5 天或 1 周。同时，要加强饲养管理，改善环境条件，搞好卫生消毒，提高猪的抗病能力。

⚠ **【注意】** 控制与传染源接触，减少感染机会，使易感猪群得到保护。

（3）严格进行消毒以杀灭环境中的病原体 对病原体污染的场地、用具、猪舍、运动场等地方，必须及时进行彻底消毒。垫草应烧毁，粪便应进行堆积发酵或通过其他无害化处理的方式处理。病死猪及急宰猪，应按《中华人民共和国动物防疫法》中的有关规定进行无害化处理（深埋、焚烧、化制、发酵），严禁出售和食用。在传染病发生流行期间，应每周对猪舍、用具等进行 1～2 次消毒。病

第三章 猪传染病的防治技术

猪隔离舍应每天 1～2 次或随时进行消毒。

⚠️ 【注意】 在患病猪解除隔离、痊愈或死亡后，并经过发生疫病的最长潜伏期，再没有新的病例出现时，为了消灭疫区内可能残留的病原体需要再进行一次全面的彻底的大消毒。

40 对严重传染病（一类传染病）应采取哪些措施？

对国家规定的一类传染病（属于烈性传染病），如猪口蹄疫，在没上报疫情前，不能随意进行处理或治疗，应按《中华人民共和国动物防疫法》的有关规定实施；上报疫情后，由政府指定相关部门帮助采取相应措施，查清疫源，尽快确诊。对一时不能确诊的传染病，应采取病料送当地动物防疫监督机构或有关部门进行实验室检查。当疑似传染病时，应及时隔离，一旦确定为国家规定的一类动物传染病，由政府宣布封锁疫区和疫点，采取隔离、扑杀、销毁、消毒、紧急免疫接种等强制性措施，控制病源，迅速扑灭传染病。必要时通知邻近地区或单位，以便共同联手防治。对随意处理造成疫情扩散和蔓延的单位和个人要追究责任。

⚠️ 【注意】 在解除封锁之前，当最后一头病猪痊愈或被扑杀处理后，经多次彻底全面消毒，并经过该病的最长潜伏期，再无新的病例出现时，为了消灭疫区内可能残留的病原体再进行一次全面的彻底的终末大消毒后，由政府宣布解除封锁。

41 什么是猪瘟？

猪瘟也叫烂肠瘟，是由病毒引起的一种高热性、接触性、传染性强和致死率高的疾病。目前仍是威胁养猪业最严重的传染病之一。

42 猪瘟有何特征？

典型猪瘟发病急、传播快、死亡率高；剖检败血症变化明显，可见各组织及内脏器官出血、坏死和梗死。慢性病例不规则，精神时好时坏，体温时高时低；剖检为纤维素性坏死性肠炎。但近几年在临床上常见的是以母猪繁殖障碍为主的非典型猪瘟和混合感染较多。如猪瘟＋猪繁殖与呼吸综合征、猪瘟＋猪肺疫、猪瘟＋猪链球菌、猪瘟＋猪附红细胞体等，形成了全国一片喘、全国一片紫、全国一片红等现象。

43 猪瘟病毒有何特性？猪瘟的流行特点有哪些？

【病毒特性】 该病毒存在于病猪的全身和体液中，在淋巴结、脾脏和血液中含毒量最多。病毒株的毒力有强、中、弱之分。病毒对外界环境有一定抵抗力，但在干燥的环境和消毒药作用下很容易死亡。发病猪舍及污染的环境在干燥和较高的温度下，经过 1～3 周病毒就会失去传染性。用 2%～3% 氢氧化钠 30min 可杀灭病毒，用 5% 漂白粉经 1h 可将病毒杀死。

【流行特点】 不同年龄、品种、性别的猪都可以感染发病，且该病的发生无季节性。

44 猪瘟的传播途径有哪些？

1）该病可通过被污染的饲料、饮水、尘埃、飞沫进入扁桃体、口腔黏膜及呼吸道黏膜感染得病。

2）由于猪群的运输、买卖交易、病死猪的尸体处理不当、肉品检验不严格，兽医卫生措施执行不得力，人、其他动物和昆虫等都可成为间接的传播媒介，促进本病的发生、蔓延和流行。

3）病毒也可经过胎盘屏障感染胚胎，造成母猪繁殖障碍，使母猪出现流产，产死胎、木乃伊胎、弱胎。活下来的仔猪，在一个月左右发病死亡。剖检有典型猪瘟的病变。目前仍是重点防治的疾病之一。

45 典型猪瘟的临床症状有哪些？

【急性病例】 体温升高到 41℃ 以上。在病猪四肢、耳后、腹部及全身等处出现大小不等的出血点或出血斑（彩图 3-1），指压不褪色。病初便秘，不久腹泻，便秘腹泻交替发生，粪便呈灰绿色；两眼有脓性分泌物，不食或吃几口即退下。小猪出现神经症状（彩图 3-2），表现为惊恐，甚至抽搐死亡。公猪包皮积尿发炎（彩图 3-3），

用手挤压时，可挤出恶臭的液体。急性病例多在 1 周左右死亡，死亡率较高。

【慢性病例】 症状不规则，体温时高时低，便秘腹泻交替发生，病猪消瘦，走路不稳。病程一般可达 20 天或更长时间，死亡较多。

⚠️ 【注意】 在临床上，急性猪瘟要注意与猪链球菌病、猪急性弓形虫病、猪肺疫、急性猪丹毒、慢性仔猪副伤寒的鉴别。

46 非典型猪瘟的临床症状有哪些？

近些年来，非典型猪瘟及混合感染在临床上较多见，其特点是病程缓慢、病情温和、病变呈局限性、散发等不典型表现。

通过胎盘传染的以繁殖障碍为主的仔猪，通常在 1～2 个月发病，有的提前到 3～20 日龄左右发病。表现为皮肤苍白，不久便死亡。母猪出现流产、产死胎、木乃伊胎、弱胎，见彩图 3-4。给养猪生产造成严重的损失，目前仍是重点防治的疾病之一。

⚠️ 【注意】 在临床上，应注意非典型猪瘟与伪狂犬及其他繁殖障碍病的鉴别。

47 猪瘟的病理变化有哪些？

全身淋巴结呈紫红色并且肿胀，切面呈红白相间大理石样，扁桃体充血肿胀，肾脏呈麻雀卵样点状出血，脾脏边缘常见出血性梗死灶。膀胱积有血尿，膀胱黏膜、结肠浆膜、胃黏膜有出血点，肠黏膜有溃疡（扣状肿），肠管出血、回盲瓣口出血、溃疡，会厌软骨出血，心脏冠状沟点状出血，肺脏点状出血等，见彩图 3-5～彩图 3-14。

48 猪瘟的实验室诊断方法有哪些？

（1）生物学试验 诊断方法较可靠，特别是对临床症状不典型的混合感染和慢性猪瘟。方法是将病猪血液或 1:10 脾组织乳剂作为接种材料，经过滤或添加抗生素处理后，接种于没有注射过猪瘟疫苗的易感健康猪，观察其是否发生猪瘟。

（2）猪瘟单抗酶联免疫吸附试验　本试验是利用猪瘟弱毒单抗纯化的弱毒抗原和强毒单抗纯化的强毒抗原，鉴别猪瘟疫苗免疫接种后产生的抗体和自然感染强毒后产生的抗体，从而区别猪瘟免疫猪及自然感染猪。

49　猪瘟的防治措施有哪些？

（1）加强预防措施

1）搞好免疫接种。首先制订符合猪场实际情况的免疫程序。按照免疫程序，一般仔猪首免3～5周龄，二免6～9周龄，第一次免疫和断奶母猪一起免疫节省人力物力，使用猪瘟兔化弱毒冻干苗。公母猪每年两次注射猪瘟兔化弱毒冻干苗2～4头份。

⚠ **【注意】**　注意每年采取定期免疫与经常补种相结合的方法，提高免疫效果。母猪应避开怀孕期和哺乳期，宜在配种前或哺乳后期和断乳时进行。发生过猪瘟的规模化猪场，可实施超前免疫，即仔猪初生后立即接种猪瘟兔化弱毒苗1头份，隔2h再让仔猪吃初乳，待9周龄左右视抗体水平再加强免疫1次。

2）坚持自繁自养。尽量不从外地购买猪种，若确实需要购买，做好调查，到无病场区选购，买回后观察1周后及时进行预防接种。

3）搞好消毒工作。对圈舍、用具及周围环境应定期消毒。包括饲养人员及进场的管理人员也要做好消毒工作。

4）加强饲养管理。不同种类的猪，喂不同全价的饲料，有条件的多喂一些青绿多汁饲料。在搞好饲养的同时，搞好管理，控制好温度、湿度、密度和光照，保持圈舍卫生，使猪在良好舒适的环境条件下健康生长。

5）预防控制感染。目前对一些烈性病毒性传染病，如猪瘟等仍无特效药物治疗。高免血清在病的初期有效，但价格昂贵。抗菌消炎药仅能预防并发和继发感染及增强体质。因此，应结合实验室检查及早做出诊断，及时采取有效的预防措施，对控制和消灭猪瘟及其他较严重的传染病，有着重要的意义。对于贵重的种猪，应采用

第三章　猪传染病的防治技术

抗猪瘟血清及干扰素进行及早控制和治疗，会有一定效果。

（2）合理处理病、死猪 这是消灭传染源，切断传播途径的重要环节。

1）立即隔离病猪。对发病猪应立即严密隔离，同群猪严格观察，严禁病原扩散。对尚未出现症状的猪群立即进行紧急接种疫苗，对于猪瘟，每头肌内注射的参考剂量为 4～15 头份，对控制该病有较好的效果。但必须做好医疗器械的严格消毒，一头猪一个针头，有条件的一头猪一个注射器，防止人为接种传播。

2）严格进行消毒。对发病圈舍、运动场、饲养管理用具，用 2%热碱水及 5%～10%漂白粉液或其他消毒药进行消毒。粪、尿及垫草等污物堆积发酵后再利用。

3）严禁人员串圈。严禁饲养人员相互串圈交流，特别要防止疫区、疫点的饲养和防疫人员相互往来交叉感染。

4）合理处理死猪。对死猪要采取深埋、焚烧处理，有条件的采取化制或发酵处理。应注意的问题是不要随意将死猪抛弃、扔进河里、投进江里，这是人为的散播传染源，有违法的性质。

50 什么是猪伪狂犬病？

猪伪狂犬病是由伪狂犬病毒引起的急性传染病，对仔猪危害最严重，死亡率较高。主要表现发热及脑脊髓炎症状（神经症状），对种猪造成繁殖障碍（使公母猪不育不孕）。对成年猪危害不严重。总之，本病对仔猪和种猪危害严重，给养猪业造成严重损失。所以，猪的易感性高低与年龄有较大关系。

51 猪伪狂犬病的流行特点有哪些？猪伪狂犬病病毒有何特性？

【流行特点】 本病一年四季均可发生，但以冬、春季节和产仔旺季较多发生，这是因为低温有利于病毒的生存。

【病毒特性】 猪伪狂犬病病毒对消毒剂无抵抗力。用 3%酚类、0.5%次氯酸钠 10min 可使病毒灭活。

52 猪伪狂犬病的传播途径有哪些？

病死猪、带毒猪及鼠类是重要传染源，病原体可经消化道、皮肤的伤口、配种及子宫内感染。另外，饲养员、其他工作人员和被污染的器具在传播过程中起着重要的作用。妊娠母猪感染本病时可经胎盘侵害胎儿。

53 猪伪狂犬病的临床症状有哪些？

本病主要表现为呼吸系统症状和神经症状，哺乳仔猪发病后体温升高到41℃以上，厌食、呕吐、腹泻、流涎、惊恐或四肢麻痹，呈劈叉状态，犬坐姿势，眼发直、抽搐，仔猪皮肤瘙痒，很快昏迷死亡。15日内乳猪病死率较高，很少耐过，死亡率几乎100%。断奶前后的小猪，表现为体温升高到41℃以上，呼吸高度困难，短而急促，精神不振，食欲减少，被毛粗乱，有时呕吐和腹泻。如果不出现神经症状，几天或数十天内可以恢复，严重者可拖延很长时间。

成年猪的症状类似流行性感冒，发病率高，但死亡少，有的为隐性感染。妊娠母猪感染后出现流产，产死胎、木乃伊胎、弱胎，弱胎不久死亡，妊娠母猪感染，应注意与非典型猪瘟的鉴别。见彩图3-15和彩图3-16。

54 猪伪狂犬病的病理变化有哪些？

本病的病理变化有胎儿自溶现象，产死胎及木乃伊胎。鼻腔黏膜发炎，严重时呈化脓出血性炎症。扁桃体水肿，咽和喉头水肿，淋巴结充血、肿大、呈褐色。心肌松软，脑膜出血，肝表面有白色坏死点，肾脏针尖状出血，肺淤血出血，胃底部有大面积出血等，见彩图3-17～彩图3-21。

55 猪伪狂犬病的实验室诊断方法有哪些？

（1）血清学诊断 可用直接免疫荧光法检查脑、扁桃体的压印片或冰冻切片，如发现核内包涵体出现荧光，具参考意义和诊断价值。

（2）动物接种实验 采取病猪脑组织及扁桃体、咽部黏膜等组织皮下接种于健康家兔后腿外侧部位，家兔24h后出现精神高度沉郁，体温升高，呼吸加快（高达95～100次/min），局部出现奇痒，

家兔用力撕咬自己奇痒部位，使局部皮肤被撕裂出血、毛脱落，更为严重头向后仰，约4~6h后病兔麻痹而死。

56 猪伪狂犬病的类症鉴别有哪些？

该病在临床上要与猪水肿病、猪链球菌性脑炎、猪瘟、猪食盐中毒的鉴别。因这几种病出现相同的神经症状。当然，侵入体内的病原体各不相同，如猪水肿病是由大肠杆菌引起、猪链球菌性脑炎是猪链球菌引起、而食盐中毒是由于食入含盐量多的食物引起。

57 猪伪狂犬病的防治措施有哪些？

（1）预防接种 目前我国主要应用的是基因缺失疫苗（也叫基因重组苗）。该苗在临床上的预防效果得到了肯定。使用方法为：种公母猪，第一次注射后，间隔4~6周再免疫第二次，以后每次产前一个月左右加强一次，临床实践证明，这样效果较好，可保护哺乳仔猪到断奶；后备仔猪在断奶时注射一次，间隔4~6周后免疫第二次，以后按种猪合理的免疫程序进行免疫；商品仔猪断奶时免疫一次，直至出栏。

（2）做好消毒工作 对猪舍的地面、墙壁、其他设施及饲喂用具等要严格消毒，一般的消毒剂效果较好。

（3）隔离病猪 将未受感染的母猪、仔猪以及妊娠母猪与已受感染的猪隔离饲养。平时应强化综合防治措施。

（4）注射全血 对所有小猪用耐过猪全血进行注射，经14天后再重复一次，可获得较好的效果。

（5）乳头消毒 哺乳母猪乳头用2%高锰酸钾水擦洗后，再允许仔猪吃初乳。

（6）粪尿发酵 清除的粪便要堆积发酵后出场，防止病源扩散及污染周围环境。

其他措施：对病死猪深埋、灭鼠和扑灭野生动物、禁止其他动物进入猪场。

58 什么是猪口蹄疫？

猪口蹄疫是由口蹄疫病毒引起猪的一种急性、发热性、高度接触性的传染病。临床特征主要是在蹄部、口腔黏膜、鼻镜和乳房皮肤发生水疱和溃烂。民间有"口疮""蹄癀""烂蹄病"之称。

59 猪口蹄疫的致病作用及血清型有哪些?

【致病作用】 该病传染性强,传播迅速,感染率和发病率很高,可引起仔猪大批死亡,大猪死亡率不高。但都将会造成严重的经济损失,在国际上被列为一类传染病,是国际动物及动物产品进出口贸易最重要的检疫对象。

【血清型】 目前该病有 7 个血清主型和若干亚型,各主型间无交叉免疫,多型性及变异性给防疫工作带来很大的难度。但我国主要以 O 型为主。

60 猪口蹄疫的流行特点有哪些?

本病四季都可发生,春季为流行盛期,夏季一般自然平息。但在有一定规模的猪场已无明显的季节性。本病呈流行性或大流行发生,可在全国或几大洲流行。所以,一旦发生要采取销毁处理的办法。

61 猪口蹄疫的传播途径有哪些?

可通过患病猪的水疱液、水疱皮、排泄物等方式传播,因为里边含有大量的病毒,这些病毒可进入呼吸道、消化道、损伤的皮肤粘膜等进行传播。也能通过空气传播,还可呈跳跃式传播。并能传播较远的距离。

⚠ 【注意】 从事畜牧兽医工作的人员,在处理患口蹄疫的猪时要注意自身的防护,特别注意不要划伤皮肤。

62 猪口蹄疫的临床症状有哪些?

猪在蹄部(蹄冠、蹄叉、蹄踵)、附关节等处有豆粒大小的水疱,如果小水疱连在一起,可能形成蚕豆大水疱,出现瘸腿,蹄部不敢着地,蹄部溃烂严重的蹄壳脱落,病猪跪行或卧地不能站立;在口腔黏膜(包括舌、唇、齿龈、咽、腭)、鼻镜及母猪的乳头也出

第三章 猪传染病的防治技术

现水疱，猪不能吃食，母猪不让仔猪哺乳，将乳头藏在腹下，水疱很快破裂，露出红色溃疡面或烂斑，会造成感染。如无细菌感染，伤口可在一周左右逐渐结痂愈合。所以，大猪感染率较高，但一般不会造成大批死亡。见彩图 3-22 ~ 彩图 3-24。

63 仔猪口蹄疫的特征性病理变化有哪些？

仔猪口蹄疫特征性病变为心肌炎和胃肠炎。心肌外呈现黄色条纹斑，似虎皮，称为"虎斑心"，心内外膜有不同程度的出血点；胃肠有出血点，形成腹膜炎；个别的有肺气肿现象。见彩图 3-25 ~ 彩图 3-26。

大猪一般不需剖检，也无特征性病变，少数猪可见胃肠出血性炎症。

64 猪口蹄疫的实验室诊断方法是什么？

常用的检查方法是酶联免疫吸附试验，口蹄疫病毒虽有多型性（7 个主型，65 个亚型），但流行特点和临床症状基本相同。另外，猪口蹄疫与猪水疱病的临床症状基本相似，都需要进行实验室检查判定病毒毒型或判定是那种病。操作的步骤：首先将病猪蹄部用清水洗干净，用消毒过的剪子剪取水疱皮，最好多采几头病猪的水疱皮，装入青霉素（或链霉素）空瓶中，冷藏保存，在最短的时间内送到有关检验部门进行检查。酶联免疫吸附试验已用于进出口动物血清的检测。

65 猪口蹄疫的类症鉴别有哪些？

应注意猪口蹄疫与猪水疱病、猪水疱疹、水疱性口炎的鉴别。

口蹄疫可使猪、牛、羊偶蹄兽发病，呈流行性或大流行形式；猪水疱病只感染猪，呈地方流行性；猪水疱疹可使各种年龄猪感染发病，其他动物不感染；水疱性口炎，见于夏季和秋初季节，可使马属动物、牛、猪感染发病，常在一定地区散发。

66 怎样初步诊断猪口蹄疫？

根据本病传播速度快，发病率高，仔猪出现急性胃肠炎和心肌炎急性衰竭死亡，并且死亡率较高，大猪死亡率低，成年猪在蹄部、口腔黏膜、鼻部、皮肤及乳房发生水疱或溃烂，可以作出初步诊断。

67 猪口蹄疫的预防措施有哪些？

（1）预防接种 在养猪生产中，根据猪场实际制订的合理免疫程序，对猪群进行积极的预防，及时接种 O 型口蹄疫灭活苗，此苗安全可靠。在疫区或周围地区，每年两次接种 O 型口蹄疫油佐剂苗，25kg 以上的猪每 6 个月注射 1 次，免疫保护期可达 6 个月，免疫效果较好。

（2）免疫监测 有条件的做好免疫效果监测工作，对抗体水平低的猪群应加强免疫。

（3）做好消毒工作 加强猪场的消毒措施，如对猪体消毒、饮水消毒、环境的消毒净化等工作，要将常规消毒防疫纳入生产的日常管理中。并且做好外来人员和外来车辆的消毒工作。

（4）定期灭鼠、灭蚊蝇 鼠和蚊蝇是传播疫病的媒介，要采取一切措施消灭鼠类和蚊蝇。

（5）注意观察 加强对猪群健康状况的观察，做到及早发现、及时处理。

68 发生猪口蹄疫后的处理方法有哪些？

（1）及时报告 一旦怀疑是猪口蹄疫，应立即向上级有关部门报告，按照"早、快、严、小"的原则，采取综合性防治措施。

（2）封锁疫区 在疫区内，隔离或扑杀病猪，严格控制病原外传，对病猪舍、污水、粪便、饲养管理用具及环境都要严格消毒。对病死猪进行无害化处理（焚烧或深埋）。

（3）紧急接种 受威胁地区的猪要进行紧急免疫接种，先在外围猪群注射，后注射疫区内猪群，要求一头猪一个针头。

（4）解除封锁 疫情停止后，疫区内最后一头病猪处理后 14天，再无新的病猪出现，经有关主管部门批准，并对猪舍、周围环境及所有工具进行严格彻底的消毒和控制后，经政府宣布才可解除封锁，恢复生产。

第三章 猪传染病的防治技术

69 什么是猪圆环病毒病?

猪圆环病毒病是由圆环病毒引起的一种使断奶仔猪和育肥猪渐进性消瘦的疫病。有几种不同的类型,如断奶仔猪多系统衰竭综合征(PMWS)是其中之一,也是临床上常见的疫病。此病目前已严重影响养猪生产,也已引起了兽医工作者的高度重视。

70 猪圆环病毒病的流行特点有哪些?

本病集中在断奶后 2～3 周和 5～8 周龄的仔猪,如受到应激可使病情加重。急性暴发时,发病率可达 50% 以上。

71 猪圆环病毒病的临床症状有哪些?

临床症状表现为虚弱、发热、水样腹泻,渐进性消瘦,皮肤苍白或有黄疸、呼吸困难、咳嗽和中枢神经系统障碍,淋巴结肿大,最后衰竭死亡。见彩图 3-27。

由于机体虚弱,易继发感染,可出现关节炎、肺炎、肠炎、皮炎和肾病综合征、相关性中枢神经系统病、相关性繁殖障碍等多种病症。

72 猪圆环病毒病的病理变化有哪些?

由于猪的体质不同,其表现也不尽相同,共同特征是机体消瘦,胃、腹股沟、肠系膜、支气管等器官或组织肿大,切面发白。沟状肾有坏死点,腹股沟淋巴结肿胀、肠系膜淋巴结肿大、坏死出血,脾脏有丘疹,出现卡他性肠炎和间质性肺炎等,肺质地坚实如橡胶样,见彩图 3-28～彩图 3-30。

73 猪圆环病毒病的防治措施有哪些?

目前,还没有有效的治疗方法。一是加强饲养管理提高机体抵抗力。二是搞好卫生防疫等措施,杜绝该病的发生。三是发现疑似病猪,要及时隔离。四是试用中草药治疗仔猪,具体的药方为:

1)熟附子 10g、党参 8g、肉桂 3g、干姜 5g、炒白术 6g、茯苓

6g、五味子 3g、陈皮 3g、半夏 3g、炙甘草 3g，煎汤灌服，早、晚各1 次，连服 3 天。

2）服用上方 3 天后，改用下方：党参 12g、炒白术 8g、茯苓 8g、陈皮 5g、炙甘草 5g、白芍 8g、熟地 8g、当归 6g、川芎 4g、黄芪10g、肉桂 3g、荆芥 6g，每天早、晚各 1 次，连服 5 天。

3）使用抗病毒药干扰素（或合成多肽、免疫核糖核酸）、黄芪多糖、板蓝根、双黄连、穿心莲或其他复方中药抗病毒注射液等。

74 什么是猪繁殖与呼吸综合征（猪蓝耳病)？

猪繁殖与呼吸综合征（PRRS）也称猪蓝耳病，是由病毒引起的，仔猪及育成猪以呼吸道症状为主，孕母猪晚期流产、死胎、产弱仔及仔猪出生率降低的疾病，母猪再发情推迟。本病可降低机体免疫力，继发其他疾病。

75 高致病性猪繁殖与呼吸综合征的发生情况如何？

猪繁殖与呼吸综合征近几年在我国流行广泛，目前由病毒变异株引起的高致病性猪繁殖与呼吸综合征，病势猛烈，对养猪业造成了严重危害。仔猪发病率可达 100%、死亡率也在 50% 以上，母猪流产率明显增高，育肥猪也可发病死亡。

76 猪繁殖与呼吸综合征的病原特性有哪些？

该病病毒对外界的抵抗力不强，对高温、紫外线、多种消毒液均有敏感性，采用常用消毒药即可。在环境中存活时间较短，在56℃时仅存活 15～20min。

77 猪繁殖与呼吸综合征的流行特点有哪些？

不分年龄、性别的猪均可感染，一年四季都可发生。呈地方性流行，但病情、症状差别较大。怀孕的母猪和 1 月龄内的仔猪易感染，临床症状也较典型。

高致病性猪繁殖与呼吸综合征，发病急、发病率高、传染性强、死亡率高。治疗效果差，病程一般 1～2 周。

78 猪繁殖与呼吸综合征的传播途径有哪些?

本病可通过多种途径进行传播。发病猪和带毒猪是主要传染源。病毒存在于病猪的鼻腔、唾液、乳汁等分泌物中,病公猪由精液和尿中排出。圈舍、污泥、饲料、饲草、用具、饮水及污水中都有该病毒存在,尤其在污水中存活时间较长。病猪接触传播是本病的主要传播方式,空气也可传播。饲养管理不善,防疫消毒制度不健全,饲养密度过大等是本病的诱因。总之与猪群的饲养管理条件、机体免疫力、病毒毒力强弱等因素有密切关系。

79 猪繁殖与呼吸综合征的临床症状有哪些?

(1) 育肥猪 对本病易感性较差,仅表现为轻度临床症状,厌食及轻度呼吸困难,张口呼吸。少数病例表现为咳嗽,双耳背面发绀,尾、鼻、腹部有紫色斑块。

(2) 妊娠母猪 表现为早产、流产,产死胎、木乃伊胎、弱胎,预产期延后;高热,精神沉郁,食欲减退或不食,咳嗽,有不同程度的呼吸困难等症状。

(3) 种公猪 精液检查,精子数量减少,活力降低。因为每年适时并广泛性的免疫,发病率不高,症状也不典型,不发热,仅表现为厌食、呼吸困难、咳嗽、消瘦、昏睡等症状。

(4) 仔猪 仔猪出生后因母猪无乳或初乳质量差,又继发其他感染时,出现腹泻、脱水、消瘦、大量死亡。产后 1 周内死亡率可高达 80% ~ 100%。耐过的仔猪生长缓慢,发育不良。部分新生仔猪张口呼吸,走路不稳,轻度瘫痪。

总之,不同猪场、不同年龄的猪,其临床表现不完全一样。但本病的共同点是死胎率和仔猪死亡率较高。见彩图 3-31 ~ 彩图 3-35。

80 猪繁殖与呼吸综合征的病理变化有哪些?

病死猪头部和皮下水肿,眼睑肿胀突出,胸腔内有大量清亮的液体,心包炎,心室扩张、心脏变性萎缩,脑水肿、淤血,肝炎,弥漫性间质肺炎,卡他性或出血性肠炎;肾皮质部点状出血,淋巴结肿大，腹股沟淋巴结肿大最明显，见彩图3-36。

81 猪繁殖与呼吸综合征的类症鉴别有哪些？

患病猪高热，呼吸困难，繁殖障碍症状，另有神经症状，并易继发其他病毒和细菌疾病，如猪瘟、猪肺疫、猪传染性胸膜肺炎、猪气喘病等疫病。所以临床上多表现为混合感染，要做好鉴别诊断，见附表 A-1。

82 猪繁殖与呼吸综合征的预防措施有哪些？

（1）科学免疫 在认真做好高致病性猪繁殖与呼吸综合征预防的同时，不要忽视低致病性猪繁殖与呼吸综合征预防。同时做好其他猪病的预防工作，如猪口蹄疫、猪瘟、猪链球菌病等。根据猪场实际情况，制订合理的免疫程序，适时做好猪繁殖与呼吸综合征、特别是高致病性猪繁殖与呼吸综合征的免疫。目前已有多家企业生产猪繁殖与呼吸综合征疫苗，将对防控猪繁殖与呼吸综合征发挥重要作用。一般情况下，商品猪在 3~4 周龄，免疫 1 次高致病性猪繁殖与呼吸综合征疫苗。种母猪除在 3~4 周龄免疫外，配种前应加强免疫 1 次。种公猪除在 3~4 周龄免疫外，每隔 6 个月还应免疫 1 次。发病地区，在首次免疫后 3~4 周龄进行 1 次加强免疫。

（2）加强管理 冬天要注意猪舍的保温，同时做好通风。夏季做好防暑降温，保证充足的饮水，保持猪舍干燥。采用合理的饲养密度，防止拥挤。

（3）减少应激 猪、鸡、鸭等动物不能混养。避免其他应激因素影响。

（4）严格检疫 购买前要查看检疫证明，要从没有疫情的地方购进仔猪，同时，购进后一定要隔离饲养 2 周以上，必须注射疫苗，经严格检查后再混群饲养。

（5）采取"全进全出"方式 商品猪场要严格做到"全进全出"，防止交叉感染。

（6）严格消毒 猪舍内及周边环境定期进行严格消毒。切实搞好环境卫生，及时清扫猪舍粪便及排泄物。

第三章 猪传染病的防治技术

（7）**药物预防**　制订合理的用药方案，选用抗生素防止继发感染。母猪临产前混饲阿司匹林有一定预防效果。

（8）**及时报告**　发现病猪后，立即报告当地畜牧兽医部门，在兽医人员的指导下，立即对病猪进行隔离，对死胎、粪便、垫料及其废弃物等进行深埋处理。有条件的地方，可将病死猪及其污染物集中焚烧处理。

83 什么是猪链球菌病？

猪链球菌病是一种可引起多种类型疾病的传染病。如猪的急性败血症、脑膜炎、关节炎、孕猪流产等人畜共患的急性、热性传染病，由 C、D、L 及 E 群链球菌引起的，也可感染特定人群，并可导致死亡。近几年常以与猪瘟等病混合感染的形式出现。

84 猪链球菌有何特点？对人和猪有何致病作用？猪链球菌病的传播途径有哪些？

【猪链球菌特点】　猪链球菌对外界环境的抵抗力较强，但一般消毒剂都可杀灭病菌。链球菌分布广泛，种类较多，并且无处不在。常存在于健康的猪体内和人体内。有些是非致病菌。

【致病作用】　当动物机体抵抗力下降和外部环境条件发生变化的情况下，可导致人和猪发生各种类型的疾病。

【传播途径】　猪链球菌病可以通过伤口及消化道等途径传染给人。

⚠ **【注意】**　特定人群（饲养员、兽医及相关人员）等应注意防护。

85 猪链球菌病的流行特点有哪些？

不同品种、性别、年龄的猪均有易感性，哺乳仔猪发病率和死亡率高，架子猪和成年猪发病率较低。

本病一年四季均可发生，以 5～11 月较多。在新发病地区常流行广泛，而在老发病地多是散发发生。猪群饲养密度过大、猪舍卫生条件差、通风不良、气候突变、转群、长途运输及其他各种应激因素引起发病较多。近几年猪链球菌病给人造成了极大威胁，也引起了人们的广泛关注。

86 猪链球菌病的临床症状有哪些?

(1) 急性败血型 见于流行初期，有的不表现任何症状突然死亡。病程稍长者，体温为 41 ~ 43℃，精神沉郁，不吃食，眼结膜潮红，流泪，有鼻液流出，全身皮肤发红，耳、颈、腹下、大腿后侧及四肢下端等处皮肤有大片紫红色斑块，指压不褪色，口、鼻、耳、颈部红紫，鼻孔有血性分泌物。严重的出现高度呼吸困难，心跳加快，病程 1 ~ 3 天，多因高度呼吸困难窒息死亡。大多数死亡时鼻孔流出带血的泡沫。见彩图 3-37 和彩图 3-38。

(2) 脑膜炎型 多见于哺乳仔猪和断奶不久的仔猪，发病初期，体温高达 40.5 ~ 42.5℃，不食，随继出现神经症状，做转圈运动，很快倒地不能站起，四肢乱划，口吐白沫，磨牙，昏迷死亡，病程 1 ~ 4 天。

(3) 关节炎型 患病猪体温升高，被毛粗乱，一肢或两肢关节肿胀、疼痛，重者不能站立或出现瘸腿，食欲时好时坏，衰弱死亡或逐渐恢复，病程 1 ~ 3 周，一般由前两型转化而来。见彩图 3-39。

(4) 淋巴结脓肿型 病猪一侧或两侧性颌下淋巴结脓肿，人们常称"豆渣疱"的最为常见。该病型全身症状较轻，一般不引起死亡。病猪开始时，淋巴结肿胀、坚硬、热痛，采食、咀嚼、吞咽和呼吸都较为困难，随着时间的延长，逐步变软，自行破溃流脓或手术切开，如果不造成全身感染，会逐渐痊愈。另外咽喉、耳下、颈部等部位的淋巴结也可发生。该病型病程较长，一般为 3 ~ 5 周。见彩图 3-40。

87 猪链球菌病的病理变化有哪些?

(1) 急性败血型

1) 死于败血症猪：颈下、腹下及四肢末端皮肤有紫红色出血斑点，急性死亡的猪可从天然孔流出暗红色血液，凝固不良。

2) 胸腔有大量黄色或混浊液体，含微黄色纤维素样物质。

第三章 猪传染病的防治技术

49

3）心包及胸腹腔积液，心肌柔软，色淡呈煮肉样。右心室扩张，心耳、心冠沟和右心室内膜有出血点。慢性病例心二尖瓣出现菜花状增生物。见彩图 3-41。

4）急性病例肺水肿，小叶性肺炎。

5）肝淤血肿大、胆囊水肿、囊壁增厚。

6）脾明显肿大，有的可大到 1 ~ 3 倍，呈灰红或暗红色，包膜下有小出血点，边缘有出血梗死区。

7）肾稍肿大，皮质、髓质界限不清，有出血斑点。

8）出现化脓性淋巴结炎。

9）肠管、肠系膜出血（彩图 3-42）。

（2）脑膜炎型 脑膜充血、出血，脑脊液增多，脑膜和脊髓软膜充血、出血。严重的血管出血。见彩图 3-43。

（3）关节炎型 关节皮下有胶样水肿，关节囊内有黄色胶冻样或纤维素性脓性渗出物，关节滑膜面粗糙。

（4）淋巴结脓肿型 出现败血病变和浆膜炎，脑血管充血或出血，胸腔或腹腔内常有黄色液体，肺部瘀血水肿，呈暗红色，肝、脾有时肿大，血液凝固不良，淋巴结瘀血水肿。

88 猪链球菌病的实验室诊断方法及类症鉴别有哪些？

【实验室诊断方法】

1）细菌检查。取病猪血液、肝、脾、脑等涂片进行镜检。也可将病料接种于鲜血琼脂平板，可见长出细小的菌落，多数菌种有溶血现象。挑取菌落染色、镜检。

2）动物接种。将病死猪的肝、脾或脑组织病料磨碎，加生理盐水稀释，接种小鼠，小鼠可在 12 ~ 72h 内患败血症死亡，并可从小鼠内脏中重新分离出本菌。

【类症鉴别】 应注意猪链球菌病与猪瘟、猪丹毒的鉴别，猪瘟由病毒引起，皮肤上和肾脏有出点，皮肤出血斑点指压不退色，病程长，剖检淋巴结出血，脾有出血梗死，回盲口有扣状溃疡。药物治疗无效。

猪丹毒皮肤出血斑点指压退色，斑点形状不一，方形、菱形或圆形。有的出现瘸腿症状。镜检有细小杆菌。

89 猪链球菌病的防治措施有哪些?

（1）**免疫接种** 使用弱毒活疫苗，在仔猪断奶后注射 2 次，间隔 21 天。母猪分娩前注射 2 次，间隔 21 天，以通过初乳母源抗体保护仔猪。链球菌血清多，如能分离制备自家疫苗，效果更好。

（2）**严格消毒** 链球菌病广泛存在于环境及人体内，消灭环境中的病原体非常重要。在免疫前后，当机体还没有建立有效免疫保护能力时，很容易感染病菌。此时，一定要加强消毒，可选用低毒消毒药物进行带猪消毒，做到消毒与免疫相结合，获得良好的预防效果。生猪出栏后要进行终末消毒。

（3）**预防性投药** 对受威胁猪群或疑似病猪尽早进行预防性投药。每吨饲料加入四环素 125g，饲喂 4~6 周，同时在饮水中添加电解质及维生素制剂，连续使用 1 周，能有效预防猪链球菌病。

（4）**采取"全进全出"方式** 防止各类猪交叉感染，特别要注意母猪对仔猪的传染。

（5）**加强饲养管理** 搞好猪舍内外的环境卫生，猪舍要保持清洁、干燥，通风良好，猪群的饲养密度要适中。

（6）**病猪隔离** 病愈猪可长期带菌、排菌，应严格隔离饲养或淘汰。病死猪应深埋，彻底清扫猪舍环境和周围环境，并进行严格消毒。

> ⚠️ **【注意】** ① 防止从伤口感染，仔猪断脐、剪牙、断尾、打耳号等要严格用碘酊消毒，当发生外伤时要及时处理，防止从伤口感染病菌发病。
>
> ② 加强自身的防护，饲养员、兽医以及屠宰场工人等人员接触病猪、剖检死亡猪和处理污染物时要特别注意自身的防护，防止发生外伤、防止被感染。一旦被感染发病，应及时采用抗生素早治疗，并防止并发症。

（7）**药物防治** 掌握"早用药、药量足、疗程够"的原则。

1）链霉素每千克体重 8 万国际单位肌内注射，每天 2 次，连用

3 天。

2）用安痛定每千克体重 0.3mL 肌内注射，每天 2 次，直至体温下降。

3）地塞米松注射液 4mg，青霉素按每千克体重 4 万国际单位，一次肌内注射，每天 2 次至愈。（用于急性败血型）。

4）5% 蒽诺沙星每千克体重 0.25mL 肌内注射，每天 2 次，连用3 天。

5）硫酸庆大小诺霉素每千克体重 0.3mL 肌内注射，每天 2 次，连用 3 天。

6）新霉素每千克体重 7mg 拌料中喂服，连服 5 天。

7）病情严重或反复者，用 5% 葡萄糖盐水 500mL、维生素 C 或维生素 B 每千克体重 0.5mL，加入一定量的抗生素静脉注射或输液。

8）用 0.2% 高锰酸钾溶液适量和 5% 碘酊适量，用于淋巴结脓肿型，局部脓肿切开后用高锰酸钾溶液冲洗干净并涂擦碘酊。

90 引起猪腹泻疾病的因素有哪些？猪腹泻疾病有哪些？

除了病毒、细菌、真菌、寄生虫等传染性因素外，许多非传染性因素如许多普通病、营养因素、应激因素、变态反应、无机物中毒等都会引起猪的腹泻和肠炎，因此，腹泻原因非常复杂。

猪腹泻疾病有猪传染性胃肠炎、猪流行性腹泻、猪轮状病毒感染、猪痢疾、仔猪副伤寒、猪增生性回肠炎等。

91 什么是猪传染性胃肠炎？猪传染性胃肠炎的流行特点有哪些？

猪传染性胃肠炎是由冠状病毒引起的一种高度接触性、腹泻为主的肠道传染病。

该病毒存在于病猪的各器官、分泌物和排泄物中，但以病猪的肠道、肠系膜淋巴结含毒量最高。这种病毒可长时间存活于寒冷、阴暗的环境之中，在冷冻条件下非常稳定。日晒、干燥、高热以及大多数消毒药能有效地杀灭这种病毒。

不分年龄大小猪均能发病。多发生于寒冷季节，每年 12 月份至次年的 4 月份为发病高峰期。新发病区 7 日龄内仔猪常具有很高的发病率。断奶以后猪几乎不死亡。老疫区 7 ~ 14 日龄仔猪易感性最强。流行规律为：在 3 ~ 5 天内暴发流行，迅速传播邻近各圈舍，大约经 10 天左右达到高潮，随后呈零星发病。

92 猪传染性胃肠炎的传播途径有哪些？

本病主要经过消化道传给健康猪，也可经过呼吸道传染。病猪、带毒猪是主要传染源。病毒经分泌物、排泄物污染环境，该病传播速度快，几天内即可波及全群。

93 猪传染性胃肠炎的临床症状有哪些？

（1）仔猪 突然发病，首先呕吐，接着水样腹泻、粪便为黄绿色或白色，里面含有未消化的凝乳块和泡沫，恶臭。由于脱水严重，病猪口渴，体重迅速下降。日龄越小，病程越短，传播越迅速，发病越严重，死亡越快。以 7 ~ 14 日龄仔猪死亡率较高。中猪及成年猪通常有数日食欲减少，粪便水样呈喷射状，排泄物为灰色、灰褐色或褐色，体重减轻；个别有呕吐现象，腹泻停止后能逐渐康复。病程约 1 周左右。见彩图 3-44 和彩图 3-45。

（2）成年母猪 泌乳减少或停止，黄绿色粪便，腹泻停止后逐渐康复，成年猪一般死亡较少。

94 猪传染性胃肠炎的病理变化有哪些？

特征性的病理变化主要见于小肠。整个小肠肠管扩张，内容物充满，呈黄色泡沫状，肠壁菲薄、透明、出血，肠系膜淋巴结肿胀。胃底黏膜轻度充血，并有黏液覆盖，胃内有大量乳白色凝乳块，靠近幽门区可见有坏死区，较大猪可见有溃疡灶。尸体脱水消瘦。见彩图 3-46。

95 猪传染性胃肠炎的实验室诊断方法有哪些？

在临床上通常采用免疫荧光抗体试验进行检查。争取将发病后 25h 的粪便，装入青霉素空瓶，送实验室，做静电或免疫电检查，还

可采取小肠前、中、后各一段，冷冻，供荧光抗体检查。

⚠ 【注意】 应注意本病与猪流行性腹泻、猪轮状病毒感染、猪大肠杆菌病、猪痢疾、仔猪副伤寒、仔猪低血糖等的鉴别。

96 猪传染性胃肠炎的防治措施有哪些?

(1) 疫苗接种 怀孕母猪产前 45 天及 15 天左右，用弱毒疫苗经后海穴接种，使母猪产生一定免疫力，从而使出生后的哺乳仔猪能获得母源抗体被动免疫保护。

(2) 加强饲养管理 创造良好的环境条件，尤其是在晚秋至早春之间的寒冷季节，保持一定的温度、合理的光照和适宜的密度。喂全价的饲料。提高机体的抵抗力。

(3) 定期消毒 彻底清除粪尿、垫草，用 2% ~ 3% 烧碱对猪舍、运动场、用具和车辆等进行全面消毒。

(4) 对症治疗 及时补水和补盐，给大量的口服补液盐或自配，取氯化钠 3.5g、碳酸氢钠 2.5g、氯化钾 1.5g、葡萄糖 20g，加常水 1 000mL 充分溶解，即可饮用。

(5) 口服全血、血清 给新生仔猪口服康复猪的全血或血清，有一定的预防和治疗作用。

(6) 防止继发感染 口服或注射抗生素，如庆大霉素、黄连素、诺氟沙星类。

(7) 使用收敛、止泻药 口服磺胺咪 0.5 ~ 4g，碳酸氢钠（小苏打）1 ~ 4g，碱式硝酸铋 1 ~ 5g。交巢穴注射穿心莲 5 ~ 15mL。

(8) 使用霉卫宝（辉瑞公司药业公司生产） 每吨饲料添加 5 ~ 8kg，对吸附肠道中的毒素与多余的水分有特别的疗效，同时还发现霉卫宝对腹泻仔猪肠绒毛的修复与增生有较好的效果，对改善仔猪的肠道内环境也有效果。

(9) 中药口服治疗 取黄连 8g、黄芩 10g、黄柏 10g、白头翁 15g、枳壳 8g、猪苓 10g、泽泻 10g、连翘 10g、木香 8g、甘草 5g，为 30kg 猪 1 天的剂量，加水 500mL 煎至 800mL，候温灌服，每天 1 剂，连服 3 天。

(10) 使用干扰素 进行预防治疗。

97 什么是猪流行性腹泻？猪流行性腹泻的病毒特性及传播途径有哪些？

猪流行性腹泻是由冠状病毒引起的仔猪和育肥猪以呕吐腹泻为主的一种急性肠道传染病。与猪传染性胃肠炎极为相似，其发病率和死亡率都较高。

该病毒对外界环境和消毒药抵抗力不强，对乙醚、氯仿等敏感，一般消毒药都可将病毒杀灭。猪的粪便中有大量病毒。主要经消化道传播。本病传播迅速，几天内可波及全群。

98 猪流行性腹泻的流行特点有哪些？

本病可发生于任何年龄的猪，哺乳仔猪、断奶仔猪和育肥猪感染发病率很高，年龄越小，症状越重，病死率越高。在我国多发生在 12 月至第二年 1~2 月，夏季也有发病的报导。

99 猪流行性腹泻的临床症状及病理变化有哪些？

【临床症状】 该病与猪传染性胃肠炎非常相似。自然感染猪潜伏期为 4~5 天。主要症状是呕吐和水样腹泻。病初体温升高，仔猪吃奶或吃食之后多呕吐。出现腹泻后，体温恢复正常。但病猪食欲下降，精神沉郁。排水样粪便，呈黄色或浅绿色。1 周龄仔猪发生腹泻后 3~4 天，呈现严重脱水而死亡。哺乳后期仔猪和肥育猪发病率几乎高达 100%，经 2~3 天后能自愈。成年猪临床症状更轻微。

【病理变化】 病变仅限于小肠，肠壁扩张，充满黄色液体，小肠绒毛萎缩，肠系膜淋巴结肿大。与传染性胃肠炎有相同之处。

100 猪流行性腹泻的鉴别诊断及防治措施有哪些？

【鉴别诊断】 本病传播速度相对较慢，猪病死率比猪传染性胃肠炎稍低，机体消瘦、脱水，皮肤干燥不洁，胃内有黄白色的凝乳块，小肠扩张充盈、内有黄色液体，肠壁变薄，肠系膜淋巴结水肿、充血等，可与猪传染性胃肠炎进行比较，做出初步诊断。

第三章 猪传染病的防治技术

【防治措施】

1）本病常与猪传染性胃肠炎混合感染，接种猪传染性胃肠炎、猪流行性腹泻二价菌。妊娠母猪产前一个月接种疫苗，可通过母乳使仔猪获得被动免疫。也可用猪流行性腹泻弱毒疫苗或灭活苗进行免疫。

2）一次口服补液盐溶液 100～200mL。对病猪及时进行补液，防止猪脱水死亡。

3）后海穴注射盐酸山莨菪碱，仔猪 5mL、大猪 20mL，每天 2 次。

4）白细胞干扰素 2 000～3 000 国际单位，每天 1～2 次皮下注射。

5）应用庆大霉素、土霉素、四环素进行治疗，防止细菌性继发感染。

6）中药处方，党参、白术、茯苓各 50g，煨木香、藿香、炮姜、炙草各 30g，取汁加入白糖 200g 拌少量饲料喂服。

7）除以上治疗方法外，还可以参考猪传染性胃肠炎的治疗方法。

101 什么是猪轮状病毒感染？猪轮状病毒感染的流行特点及传播途径有哪些？

猪轮状病毒感染是由轮状病毒引起仔猪呕吐、腹泻、脱水等消化道机能紊乱的一种急性肠道传染病。

【流行特点】 本病多发生在晚秋、冬季和早春季节。各种年龄的猪都可感染，但多见于 60 天以内仔猪，中猪、大猪多隐性感染。

【传播途径】 消化道是主要的传播途径，多经消化道传染其他猪。猪轮状病毒感染多与猪流行性腹泻病、猪传染性胃肠炎或猪大肠杆菌病形成混合感染。

102 猪轮状病毒感染的临床症状及病理变化有哪些？

【临床症状】 病猪精神不振，食欲减少，不愿走动，仔猪吃奶后发生呕吐。迅速发生腹泻，粪便呈水样或糊状，颜色为黄白色或暗黑色。脱水明显。新生仔猪感染率高，发病严重，死亡率达100%，10～20 日龄仔猪症状轻，当环境温度下降和继发大肠杆菌病时，常使症状严重并且死亡率增高。

【病理变化】 主要在消化道内，胃内有凝乳块，肠管变薄鼓气，内容物为液状，呈灰黄色或灰黑色，小肠绒毛缩短。

103 猪轮状病毒感染的实验室诊断方法有哪些？

对猪轮状病毒感染的进行实验室诊断，可在腹泻开始 24h 内采取小肠及其内容物或粪便，进行病毒或病毒抗原检查，有酶联免疫吸附试验、电镜法、双抗体夹心法等。用酶联免疫吸附试验、间接免疫荧光试验进行血清抗体的检测。

104 猪轮状病毒感染的防治措施有哪些？

（1）疫苗预防接种 用猪轮状病毒油佐剂灭活苗或猪轮状病毒弱毒双价苗对母猪或仔猪进行预防注射。油佐剂灭活苗于怀孕母猪临产前 30 天，肌内注射 2mL；仔猪于 7 日龄和 21 日龄各注射 1 次，注射部位在后海穴（尾根和肛门之间凹窝处），每次每头注射 0.5mL。弱毒双价苗于临产前 5 周和 2 周分别肌内注射 1 次，每次每头注射 1mL。

（2）早吃初乳 在疫区要使新生仔猪及早吃到初乳，因初乳中含有大量的免疫球蛋白（保护性抗体），仔猪吃到初乳后可获得一定的抵抗力。

（3）加强饲养管理 喂适口性好的全价配合饲料，饮用洁净的水。保持圈舍清洁卫生，勤打扫、勤冲洗、勤消毒。要注意对仔猪进行防寒保暖，增强母猪和仔猪的抵抗力。

（4）严格消毒 猪舍及用具要做到经常消毒，以切断传播途径，减少环境中病毒的含量，也可防止一些细菌的继发感染，减少发病的机会。

（5）隔离病猪 发现病猪立即将其隔离到清洁、消毒、干燥和温暖的猪舍中，加强护理，喂易消化的饲料，及时清除病猪粪便及其污染物，彻底消毒被污染的环境和用具。

（6）药物治疗

1）饮用葡萄糖甘氨酸溶液（取葡萄糖 22.5g、氯化钠 4.75g、

第三章 猪传染病的防治技术

57

甘氨酸 3.44g、柠檬酸 0.27g、枸橼酸钾 0.04g、无水磷酸钾 2.27g，溶于 1L 水中即成）。

2）防脱水和酸中毒，静脉注射葡萄糖盐水（5%～10%）和碳酸氢钠溶液（3%～10%），可收到较好效果。

3）肌内注射猪白细胞干扰素（育肥猪 1 头/瓶·天，仔猪 2 头/瓶·天；乳猪 4 头/瓶·天），每天 1 次，连用 2～3 天。辅以地塞米松注射液 2～4mg。

4）枣树皮焙干研末喂服。大猪一次服 150～200g，连服 3～5 次即愈。

5）硫酸庆大小诺霉素注射液 16 万～32 万国际单位，地塞米松注射液 2～4mg，一次肌内注射或后海穴注射，每天 1 次，连用 2～3 天。

105 什么是猪大肠杆菌病？

猪大肠杆菌病是以仔猪发生肠炎、肠毒血症为特征的一种急性消化道传染病，该病包括仔猪黄痢、仔猪白痢和猪水肿 3 种，发病迅速，死亡率高，在各地普遍存在，对猪场危害较严重。

106 仔猪黄痢的临床症状有哪些？

仔猪突然腹泻，拉黄色水样或糊状、有腥味的稀粪，内含气泡或凝乳片，顺肛门流下，有时呈喷射状，同窝仔猪相继发病。小母猪阴户尖端可出现红色，后肢被粪液沾污；仔猪渴欲增加，病猪减食或不吃奶，精神差，肛门松弛，排粪失禁，很快脱水，最后倒地昏迷死亡。见彩图 3-47 和彩图 3-48。

107 仔猪黄痢的发病原因有哪些？

母猪携带致病性大肠杆菌是发生本病的主要因素。当猪场饲养管理不善、卫生条件差、母猪母乳不足或产房温度低，仔猪受凉，都会促使本病的发生。

108 仔猪黄痢的病理变化及类症鉴别有哪些？

【病理变化】 胃粘膜充血或出血、水肿，胃肠内有腥臭、红黄色液体及凝乳块。小肠肠壁菲薄，肠内有水样内容物，后段小肠病变较轻，但鼓气显著；肠系膜淋巴结充血肿大，大肠病变轻微。内脏器官出血及肝、肾出血。

【类症鉴别】 注意该病与猪传染性胃肠炎、猪流行性腹泻、猪轮状病毒感染及仔猪红痢等病的鉴别。猪传染性胃肠炎、猪流行性腹泻、猪轮状病毒感染的病原是病毒，仔猪红痢、仔猪黄痢的病原是细菌。仔猪红痢、仔猪黄痢主要发生在 3 日龄左右的猪身上，而其他几种病各种年龄的猪都可发生。

109 仔猪黄痢的防治措施有哪些？

（1）**免疫接种疫苗** 大肠杆菌基因工程苗 K88ac～ITB 双价基因工程菌苗，大肠杆菌 K88·K99 二价基因工程菌苗和大肠杆菌 K88·K99·K987P 三价灭活菌，前两种口服免疫，后一种注射免疫，在怀孕母猪产前 15～30 天接种。

（2）**提高圈舍的温度** 防止温度偏低受凉，防止贼风袭击，防止圈舍潮湿。让仔猪早吃初乳。

（3）**做好卫生管理工作** 平时做好圈舍及环境的卫生消毒工作，做好产房及母猪的卫生清洁和护理工作。经常用 0.1% 高锰酸钾溶液擦拭母猪乳房。

（4）**药物预防** 在仔猪出生后，全窝口服抗菌药物，连用 3 天，预防发病。母猪产前 2 天及产后 5 天的饲料中，拌喂抗生素及中药等，可防止发病。

（5）**采用自家疫苗** 大肠杆菌的血清型很多，有条件的猪场如果能分离本场的致病菌，制成灭活疫苗，有针对性地免疫和治疗，可取得较好的效果。

（6）**抗血清被动免疫** 利用分离的致病性菌株制成的抗血清或经产老母猪的血清对新生仔猪进行注射或口服，可减少疾病的发生。

（7）**进行药敏试验** 本菌易产生耐药性，有条件应先做药敏试验，选最敏感的药物治疗效果好。

（8）**交替使用抗生素** 庆大霉素，口服，每千克体重 4～11mg，1 天 2 次；肌内注射，每千克体重 4～7mg，1 天 1 次。环丙沙星，每

千克体重 2.5~10.0mg，1天2次，肌内注射。硫酸新霉素，每千克体重 15~25mg，每天2~4次，肌内注射。腹泻严重时，可加5%葡萄糖生理盐水作腹腔补液或口服补液盐。

(9) 其他治疗方法 取大蒜100g，5%乙醇100mL，甘草1g。用法：大蒜用乙醇浸泡7天以后取汁1mL，加甘草末1g，调糊一次喂服，每天2次至愈。

110 什么是仔猪白痢？仔猪白痢的流行特点有哪些？

仔猪白痢是由致病性大肠杆菌引起的以排白色或灰白色带有腥臭的稀粪为特征的一种急性猪肠道传染病，仔猪白痢又叫迟发性大肠杆菌。

主要发生于10~30日龄仔猪，以20日龄的仔猪发病最多，7日龄以内或30日龄以上的猪较少发病。同窝仔猪发病头数、发病先后及轻重不等。发病率高，死亡率低。

本病一年四季都可发生，但一般以严冬、早春及炎热季节发病较多，特别是气候骤变时多发。饲养管理不善、卫生条件差等各种不良因素都是发病的诱因。

111 仔猪白痢的临床症状及病理变化有哪些？

【临床症状】 仔猪初期体温不高，病猪排乳白、灰白或黄绿色粥样稀粪，吐奶、脱水，个别死亡。肛门、后肢被稀粪沾污。见彩图 3-49。

【病理变化】 病猪消瘦、脱水，胃肠黏膜充血，胃内积有大量奶酪。小肠壁充血，肠腔充气，皮肤脱水干燥。肠内容物呈黄白色，稀粥状，有酸臭味，有的肠管空虚或充满气体，肠壁薄而透明，严重病例黏膜有出血点及部分黏膜表层脱落。肠系膜淋巴结肿大。肝和胆囊稍肿，肾苍白。病久可见肺炎症状。

112 仔猪白痢的防治措施有哪些？

(1) 做好免疫预防 同仔猪黄痢。有条件的可用自家疫苗免疫母猪进行预防。

（2）**改善环境条件**　加强对仔猪的管理，提高圈舍温度，防止仔猪受凉和圈舍阴冷潮湿。

（3）**进行药敏试验**　选择敏感药物，及早治疗。

1）黄连素或穿心莲注射液 2mL 注入交巢穴，或黄连素片 1~2g、矽炭银 1~2g。用法：一次喂服，每天 2 次，连用 1~2 天。

2）交巢穴注射 0.5% 鲁普卡因、10% 葡萄糖液 2mL。

3）维生素 C 片，1.5~2.5kg 的仔猪，每次口服 1~2 片，每天 3次，连用 3~5 天。

4）取白头翁 50g、黄连 50g、生地 50g、黄柏 50g、青皮 25g、地榆炭 25g、青木香 10g、山楂 25g、当归 25g、赤芍 20g。用法：水煎喂服 10 头小猪，每天 1 剂，连用 1~2 天。

5）每 100kg 料中添加 2% 痢菌净粉 125g，每 100kg 料中添加维生素 C 预混剂 50g，拌匀饲喂，连用 3~5 天。

6）庆大霉素、土霉素、四环素等抗生素交替使用。

113 什么是猪水肿病？

猪水肿病是由致病性大肠杆菌产生的毒素引起断奶仔猪及肥胖仔猪局部水肿或全身水肿、走路不稳和眼睑部水肿、突然发病、病程短、死亡率高为主要特征的一种急性、致死性中毒疾病。又称为猪大肠杆菌病毒血症或小猪摇摆病，是危害断奶仔猪的疾病之一。多为散发，有时呈地方性流行。

114 猪水肿病的流行特点有哪些？

本病主要发生于断奶后 1~2 周肥胖的仔猪，断奶前后及 4 月龄仔猪亦可发病，同窝仔猪体况较好的仔猪先发病。发病率为 10%~35%，病死率很高。多见于春季的 4~5 月和秋季的 9~10 月。特别在气候骤变和阴雨季节更易发病。

115 猪水肿病的发病原因及传播途径有哪些？

【发病原因】　与饲料和饲养方式的改变有关，如断奶仔猪突然更换饲料和改变饲喂方法、断奶方法不当、饲料蛋白质比例偏高且

过于单纯、贪吃过饱等，硒和 VE 不足、猪舍卫生条件差、仔猪缺乏运动，致使猪体质衰弱发病。

【传播途径】 传染源主要为带菌母猪和感染的仔猪，由粪便排出病菌，污染饲料、饮水和环境，通过消化道感染。

116 猪水肿病的临床症状有哪些?

水肿是本病的特征，眼结膜、颌部皮下、颈部皮下、前额、唇及喉头严重水肿，严重时上下眼睑仅留一条缝隙。无体温反应，步态不稳、易跌倒，盲目行动，肌肉抽搐，皮肤过敏，惊厥倒地，四肢跪趴或倒地乱划，叫声嘶哑或尖叫；腹围增大。病程数小时到 1 ~ 2 天。见彩图 3-50。

117 猪水肿病的病理变化有哪些?

剖检可见猪体各部位发生不同程度的水肿，胃壁水肿，切开后可见黏膜层和肌层之间有一层胶冻样水肿（彩图 3-51），厚度不一，胃底有弥漫性出血。

结肠肠系膜及淋巴结水肿，肠系膜充血、肿胀（彩图 3-52），整个肠系膜呈凉粉状，切开后有液体流出。

肠黏膜红肿，出血；直肠周围存在一层胶冻样水肿；全身淋巴结几乎都有水肿病变。

心包、胸腔、腹腔积液较多，液体澄清或无色，暴露于空气后形成胶冻状。眼睑、颜面、下颌部、头顶部皮下均呈灰白色凉粉样水肿。

118 猪水肿病的实验室诊断方法及类症鉴别有哪些?

【实验室诊断方法】

1）取小肠前段黏膜涂片，革兰氏染色镜检，可观察到细小的、两端钝圆的红色小杆菌。

2）取小肠前段黏膜刮取物，分别在麦康凯平板和血平板上划线培养，在麦康凯平板上长成红色菌落，在血平板上呈 β 溶血。

3）取上述病料在三糖铁培养基斜面划线和底层穿刺，在温度为

37℃下培养 24h，整个培养基变黄，底层无黑色。

【类症鉴别】 注意与猪贫血、猪胃溃疡、猪丹毒等病的鉴别。贫血、胃溃疡等其他因素也可导致水肿，一般病程较长，致死率低，胃壁无病变，适当治疗即可好转。猪丹毒可见眼睑水肿，但两眼水灵有神。

119 猪水肿病的防治措施有哪些？

1）加强断奶前后仔猪的饲养管理，提早训练仔猪采食，及时补料，断奶后能及早适应独立生活环境。仔猪断奶后要继续喂哺乳期饲料，不要突然更换饲料，一般要在断奶后 7 天换料。更换仔猪饲料要逐渐进行，每天替换 20%，5 天换完。由于断奶后仔猪由母乳加补料改为独立吃料生活，胃肠不适应，很容易发生消化不良，引起仔猪下痢。所以尽量不要突然给仔猪断奶，要采取逐渐断奶法。过度改变饲料和饲养方法，饲喂定量，不可过饱，喂料量由少到多逐渐地增加；饲料营养要全面、均衡，特别应含有维生素 E、硒等营养物质；猪舍保持清洁、卫生、干燥，定期消毒。怀孕母猪产前 7 天和 3 天各肌内注射猪水肿抗毒注射液 15～20mL，可有效防治该病发生。

2）新生仔猪吃乳前口服 0.1% 高锰酸钾水 2～3mL，每隔 5 天口服 1 次。

当猪群发生水肿病时，可紧急接种仔猪水肿病油乳剂三价灭活苗，4～5 天后猪群疫情可得到控制。

3）对于发病仔猪，在饲料中加入盐类泻剂，连用 2 天，然后用卡那霉素、硫酸新霉素或硫酸链霉素，每天 2 次，连续注射 2～3 天。病初采用亚硒酸钠、维生素 E 及对症治疗。

4）用 10% 安钠咖注射液 2～4mL，一次皮下注射，视情况第二天再注射 1 次。

5）硫酸钠或硫酸镁按每千克体重用 1g，大黄末 6g，拌料喂服，同时土霉素按每千克体重用 40mg，口服，每天 1 次，连用 3 天。

6）肌内注射阿米加注射液按每 10kg 体重 2mL，地塞米松 4mL，亚硒酸钠 0.1～0.2mL。

7）肌内注射新霉素 25 万～30 万国际单位，链霉素 1g 加氢化可

的松 50 ~ 100mg，口服。

8）2.5% 恩诺沙星注射液按每千克体重用 0.5mL，肌内注射，每天 2 次，连用 2 ~ 3 天。病重者用 5% 葡萄糖盐水 300 ~ 500mL、维生素 C10mL，一次静脉注射。

9）用 5% ~ 10% 氯化钙和 4% 乌洛托品 5 ~ 10mL，混合后腹腔注射。同时用链霉素 0.5g、维生素 B_{12} 200mg，一次肌内注射。

10）盐酸环丙沙星注射液按每千克体重用 1mL，水肿灵注射液 5mL，分别肌内注射，每天 2 次，连用 3 天；或猪水肿抗毒注射液按每千克体重用 0.1g，肌内注射。

11）中药

① 茯苓、白术、厚朴、青皮、生姜各 20g，陈皮、大枣各 30g，泽泻、甘草各 15g，乌梅 3 个。用于 15kg 重仔猪，煮水分 2 次内服。

② 白术 9g、木通 6g、茯苓 9g、陈皮 6g、石槲 6g、冬瓜皮 9g、猪苓 6g、泽泻 6g。用法：水煎分 2 次喂服，每天 1 剂，连用 2 剂。

120 什么是仔猪红痢？仔猪红痢的危害程度及发病原因有哪些？

仔猪红痢又叫坏死性肠炎、仔猪梭菌性肠炎，是由 C 型魏氏梭菌毒素引起的新生仔猪排出红色粪便、肠坏死，高度致死性的肠道中毒性传染病。

【危害程度】 本病病程短、发病急，常常造成新生仔猪整窝死亡，给猪场造成严重损失。一旦发生，难以清除。

【发病原因】 本菌广泛存在于自然界中。在母猪的肠道中也有，仔猪出生后接触被污染的环境，将本菌吞入消化道而感染发病。本菌在体外可形成芽孢，且芽孢有较高的抵抗力，对热、干燥和消毒药都不敏感。猪场一旦发病，很难净化。如不采取措施，以后出生的仔猪会继续发病。

121 仔猪红痢的临床症状有哪些？

【最急性型】 仔猪出生后 1 天内发病，表现突然下痢，排出浅红或红褐色稀粪，走路摇晃，昏迷死亡。蹄甲发绀。少数病例不见腹泻即突然死亡。有的当日或次日死亡。

【急性型】 病程为 1~2 天，在发病的整个过程中病猪排出含有灰色坏死组织碎片的红褐色水样粪便，迅速脱水，造成死亡。

122 仔猪红痢的病理变化有哪些？

(1) 空肠病变 可见与两端界限分明、外观整段空肠发红，出现长短不一的出血坏死段。肠腔内充满含血的液体并混杂小气泡，肠壁弥漫性出血，空肠壁发红（彩图 3-53）。

(2) 大肠病变 大肠壁充血、水肿，大肠内容物软而稀薄，并混有黏液、血液及组织碎片。大肠黏膜肿胀并覆盖着黏液和带血块的纤维素，有的黏膜层坏死，形成一层麸皮或豆渣样伪膜。

(3) 肠系膜淋巴结肿大或出血 病程稍长者肠道出血减轻，但黏膜形成灰黄色坏死伪膜，肠腔内有坏死组织碎片，肠浆膜和肠系膜中出现多数小气泡。病变有时可扩展到回肠。

(4) 多器官有出血点及其他病理变化 脾边缘、心外膜、膀胱黏膜有小出血点，心肌斑状出血（彩图 3-54），肾呈灰白色，有的病例出现胸水。

123 仔猪红痢的实验室诊断方法及类症鉴别有哪些？

【实验室诊断方法】 采心血、肺、胸水、肝、十二指肠内容物抹片，染色镜检可见梭样细菌；取病猪肠内容物进行动物试验。如引起腹泻，剖检肠管有坏死。

【类症鉴别】 红痢与黄痢发生的时间基本相同，多是 1~3 天，并整窝死亡。但黄痢以排黄色粪便为主，内含有凝乳块，扑捉时呈喷射状。

124 仔猪红痢的预防措施有哪些？

(1) 免疫接种仔猪红痢菌苗 怀孕母猪产前 1 个月及半个月 2 次分别肌内注射仔猪红痢菌苗 5mL、10mL，仔猪出生后通过从初乳中吸入大量抗体获得免疫力。

(2) 做好接产工作 母猪临产时用 0.1% 高锰酸钾溶液将母猪的乳头洗干净后再让仔猪吃奶。

（3）**搞好产房卫生、消毒工作**　产房经常清扫干净，每月用0.1%高锰酸钾溶液喷雾消毒，隔1天1次，连续2周。

（4）**使用抗生素**

1）对正在发病猪场，仔猪一出生就口服青霉素，连用3天，效果不错。

2）在未吃初乳前及以后的3天，将青霉素钾和链霉素各2万国际单位，加蜂蜜调制成糊状抹于舌面，可防止本病的发生。

125 仔猪红痢的治疗方法有哪些？

1）每头仔猪肌内注射新霉素10万国际单位。

2）将5%葡萄糖20mL、庆大霉素8万国际单位、地塞米松10mg混合，一次静脉注射。

3）痢菌净每千克体重用5mg，后海穴注射，每天1次，连注3天。为了巩固疗效，停止穴位注射后，按每千克饲料拌入痢菌净片10mg，连用2周。

126 什么是猪增生性肠炎？猪增生性肠炎的临床症状有哪些？

猪增生性肠炎是由一种被称为细胞内罗松菌的细菌引起的猪的一种常见综合征，又称为增生性回肠炎或终端性回肠炎。慢性病例又有腺瘤样特征，故又称增生性腺瘤病。

【急性型】　多发于4～12月龄的成年猪，开始时排出棕黄色松软粪便；病程稍长时，排黑色粪便或血样粪便并突然死亡；也有的仅见皮肤苍白而无粪便异常便突然死亡。但在临床上不多见。

【慢性型】　多发生于6～12周龄的生长猪，约有10%～15%的猪出现症状，表现为食欲减退或废绝，精神沉郁，出现间歇性下痢，开始时粪便软、稀，呈糊样或水样，随即呈黑色便或血样粪便；某些猪腹部膨大，病猪消瘦甚至露出脊柱骨，背毛粗乱，病程长的猪皮肤苍白；生长发育不良，最终死亡。如果没有继发感染，有些病例在4～6周可康复。临床上较为多见。

【亚临床型】　无明显的临床症状，有时发生轻微的下痢，一般不会引起人们的注意；但生长速度和饲料利用率下降明显。会造成严重的经济损失。

127 猪增生性肠炎的病理变化有哪些？

猪增生性肠炎的病变不仅局限于小肠下段，还包括结肠襻的上1/3 和盲肠。黏膜增生或增厚的程度在不同病例间差异较大，有的回肠下段明显增厚，像橡皮水管一样。更多的猪增生性肠炎是出血性的，粪便呈黑色柏油状，回肠腔内充满凝血块（彩图 3-55）。

> ⚠️ **【注意】** 应注意本病与猪痢疾、猪鞭虫、猪胃溃疡、猪肠扭转、猪出血性肠综合征的鉴别。

128 猪增生性肠炎的防治措施有哪些？

（1）提高猪体抵抗力 加强饲养管理，减少不良的外界刺激，使猪体的抵抗力得以提高。

（2）采取"全进全出"方式 商品猪出栏后，对空舍、栏彻底清洗和消毒后再进猪。

（3）药物预防 生长育肥阶段和新购入后备猪在隔离适应期间使用泰妙菌素诱导免疫力，用 0.006% 泰妙菌素饮水，采用第一周连用 2 天，第二、三周不用药，第四周连用 2 天的办法。

129 什么是仔猪副伤寒？

仔猪副伤寒又称猪沙门氏菌病，是由沙门氏菌引起的断奶后 1 ~ 4 月龄仔猪以急性败血型、慢性坏死性肠炎型（持续下痢）为特征的传染病。有时继发肺炎。

130 仔猪副伤寒的细菌特性及流行特点有哪些？

【细菌特性】 该病菌对干燥、腐败、日光等抵抗力较强，但对消毒剂的抵抗力不强，3% 来苏儿、3% 福尔马林等均能杀死病菌，5% 石炭酸、2% 烧碱等数分钟内可将病菌杀灭。病菌常存在于病猪的各脏器及粪便中。

【流行特点】 本病一年四季均可发生，多雨潮湿、寒冷、交替季节多见。常发生于 6 月龄以下的猪，主要见于 1 ~ 4 月龄的猪，成

年猪及哺乳猪很少发病。

131 仔猪副伤寒的传播途径有哪些?

1)沙门氏菌是健康猪的消化道、淋巴组织和胆囊内的常在菌,当猪抵抗力降低时,发生内源性感染。

2)病猪及带菌猪的粪便污染的土壤、草料、水源等,经消化道感染健康猪。

3)鼠类可以传播本病。

132 仔猪副伤寒的临床症状有哪些?

【急性型】 多见断奶后不久的(2~4月龄)仔猪,病初食欲不振,有时呕吐,先便秘后下痢,粪便呈黄绿色、恶臭,严重时肛门失禁,有时粪中带血或为水样粪便,常出现腹痛;弓腰尖叫,体温升高到41~42℃,四肢、皮肤发红,后期出现青紫色斑;最后猪呼吸困难、咳嗽、体温下降。病猪多在2~4天内死亡,发病率差别较大,病死率很高。不死者转为慢性。见彩图3-56。

【慢性型】 在临床上较常见,体温高达40.5~41.5℃,精神萎靡、食欲不振、消瘦、便秘与腹泻交替发生,水样粪便、恶臭。有时皮肤上出现褐色痂状疹块,眼有黏性或脓性分泌物,常将上下眼睑粘在一起。部分病猪在病的中、后期皮肤出现弥漫性湿疹,特别是腹部皮肤,有时可见绿豆大、干枯的浆性覆盖物,揭开可见浅表溃疡。症状表现与慢性猪瘟相似。病程往往拖延2~3周或更长,最后极度消瘦,衰竭而死。死亡率低。

133 仔猪副伤寒的病理变化有哪些?

【急性型】 全身黏浆膜出血,耳、腹部有广泛性出血斑,淋巴结红肿;肝上发现粟粒状的红色坏死灶;脾肿大,呈紫蓝色橡皮样;肠鼓气,肠壁菲薄、透明,黏膜发炎,肠系膜淋巴结肿大如索状,充血和出血。

【慢性型】 特征病变为尸体消瘦,大肠黏膜有弥漫性纤维素性炎症及坏死,表面覆盖糠麸物,剥开可见底部为红色。病变主要部位在盲肠与结肠段，肠鼓气，肠壁菲薄、透明，出血坏死，后期坏死下陷呈圆形溃疡，表面坏死痂平滑、柔软。肝脏上有结节，胆囊黏膜坏死呈圆形溃疡。肾出血，脾肿大，肠系膜淋巴结肿大，切面有针尖到米粒大小的灰白色坏死灶，肺叶有时发现肺炎实变区。见彩图 3-57 ~ 彩图 3-59。

134 仔猪副伤寒的实验室诊断方法及类症鉴别有哪些?

【实验室诊断方法】 仔猪副伤寒实验室检查细菌分离，急性型病例可采取肝、脾等病料做细菌分离培养鉴定。也可做免疫荧光试验。

【类症鉴别】 注意与猪痢疾、猪增生性肠炎、猪瘟的鉴别。见附表 A-2。

135 仔猪副伤寒的防治措施有哪些?

(1) 免疫预防接种 使用仔猪副伤寒冻干弱毒疫苗接种 1 月龄以上哺乳或断奶仔猪，肌内注射 1mL，免疫期 9 个月；口服时，按说明使用，服前用生理盐水稀释成每份 5 ~ 10mL，拌入料中喂服；或将每 1 头份疫苗稀释于 5 ~ 10mL 凉开水中给猪灌服。

(2) 加强饲养管理 喂适口性好的全价饲料，加强管理、改善卫生条件，增强仔猪抵抗力，消除引起发病的诱因，圈舍要彻底清扫、消毒，饲料用具和食槽经常清洗，保持圈舍清洁、干燥，及时清除粪便。粪便堆积发酵后再利用。

(3) 强弱分槽饲喂 为防止仔猪乱吃脏物，根据断乳仔猪体质强弱、大小，分槽饲喂。给以优质而易消化的多样化饲料，适当补充维生素 E 和锌，更换饲料要逐渐进行。

(4) 提前药物预防 可将药物拌在饲料中，连用 5 ~ 7 天。使用药物有庆大霉素、诺氟沙星、环丙沙星、恩诺沙星等抗菌药。

(5) 药物治疗

1) 诺氟沙星按每 10kg 体重用 1 ~ 2mg，盐酸山莨菪碱按每千克体重用 1 ~ 2mg，10% 维生素 C 注射液按每 10kg 体重用 2 ~ 4mL，对有呕吐症状的病猪可增加维生素 B_6 注射液，剂量为每 10kg 体重 4 ~

5mL，分别肌内注射，每天 2 次，连用 3 ~ 5 天为 1 个疗程。

2）新霉素按每千克体重日服 5 ~ 15mg，分 2 ~ 3 次内服。

3）使用盐酸土霉素 0.6 ~ 2g。用法：分 2 ~ 3 次喂服，按每千克体重 60 ~ 100mg 用药。

4）使用大蒜。将大蒜 5 ~ 25g 捣烂成泥状或制成大蒜酊内服，每天 2 次，连服 3 ~ 4 天。

5）使用 1% 盐酸强力霉素注射液 3 ~ 10mL。用法：一次肌内注射，按每千克体重 0.3 ~ 0.5mL 用药。每天 1 次，连用 3 ~ 5 天。

6）使用阿米卡星注射液 20 万 ~ 40 万国际单位。用法：一次肌内注射，每天 2 ~ 3 次。

7）针灸——穴位：后三里、后海、脾俞、尾尖，配百会、苏气、血印等穴。针法：白针或血针。

8）使用黄连 15g、木香 7g、白芍 20g、槟榔 10g、茯苓 20g、滑石 25g、甘草 10g。用法：水煎分 3 次服完，每天 2 次，连用 2 ~ 3 剂。

136 什么是猪痢疾（猪密螺旋体病）？

猪痢疾是由密螺旋体引起的一种黏液性或黏液出血性下痢，大肠黏膜发生出血性炎症，逐渐发展为纤维素性坏死性炎症的慢性肠道传染病。本病可使猪生长发育受阻，饲料利用率降低，如果治疗不及时会造成病猪死亡，给养猪业带来巨大的经济损失。

137 猪痢疾的病原特性及特征有哪些？

密螺旋体对外界环境有较强的抵抗力，在 2℃ 粪内能存活 7 天，在 4℃ 土壤中能存活 18 天。但消毒药能迅速杀死病原体。

镜检猪密螺旋体有 4 ~ 6 个螺旋弯曲，长 6 ~ 8μm，两端尖锐，能运动。

138 猪痢疾的流行特点及传播途径有哪些？

【流行特点】 本病无季节性，常见于断奶后正在生长发育的猪，仔猪和成年猪较少发病。传播速度缓慢，流行时间长，猪场一旦感染本病很难清除，可长期危害猪群。同时，在不良的环境因素应激下，如阴雨潮湿、气候突变、拥挤、长途运输、饥饿、饲喂方法突变等，可促进本病发生。肠内厌氧菌对密螺旋体定居起到了协助作用，会加重病情。

【传播途径】 病猪、康复猪和带菌猪是主要传染源，随粪便排出病原体后，病原体污染环境、饲料和饮水，经消化道感染健康猪。在隔离病猪群与健康猪群过程中，饲养管理人员也是传播媒介，如不固定专人管理病猪将会发生间接传播而使该病流行蔓延。

139 猪痢疾的临床症状有哪些？

在新疫区，偶尔可见最急性病例，病程仅数小时，或无腹泻症状而突然死亡，此型少见。多数病猪为急性型。初期病猪精神沉郁、食欲减退、体温升高（40.0~40.5℃），当持续下痢时，粪便中有大量黏液和小血块，有的出现水泻，排出红白相间胶冻物或血便，出现赤痢症状（彩图3-60）。病猪弓背吊腹，脱水，消瘦，虚弱而死亡。

在老疫区，多为慢性型病例，反复下痢、消瘦、贫血，生长发育停止。部分康复猪经一定时间还可复发，病程在2周以上。慢性病造成的损失可能要超过急性病。

140 猪痢疾的病理变化有哪些？

本病病变主要在大肠（结肠及盲肠），肠黏膜肿胀、出血，皱褶明显，上附黏液；大肠黏膜出现表层点状坏死，形成伪膜，外观似麸皮或豆腐渣样（彩图3-61）。肠内容物稀薄，其中混有黏液、血液和坏死组织碎片，呈酱油色。肠系膜淋巴结肿胀，肝、脾、心、肺无明显变化。

第三章 猪传染病的防治技术

141 猪痢疾的实验室诊断方法及类症鉴别有哪些？

【实验室诊断方法】 病初从病猪病变部位取粪便检查，抹片姬姆萨或龙胆紫染色，可见两端突出的密螺旋体。或取病料混于等量生理盐水混合均匀，在暗视野显微镜中观察，可见到猪痢疾密螺旋体病原，并上下翻滚运动。需要进一步确诊时，可做病原体分离培

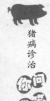

养鉴定。

【类症鉴别】 临床上注意本病与猪传染性胃肠炎、猪流行性腹泻、猪轮状病毒感染、仔猪红痢、仔猪黄痢、仔猪白痢、猪增生性肠炎的鉴别，见附表 A-3。

142 猪痢疾的防治措施有哪些？

（1）加强检疫 禁止从发病地区引进种猪，必须引进种猪时，要严格隔离 1 个月；在无本病的地区或猪场，一旦发现本病，最好全群淘汰，对猪场彻底清扫和消毒，并空圈 2～3 个月，经严格检疫后再引进新猪。这样可能会根除本病，收到较好的效果。

（2）消毒灭鼠 及时清除粪便，严防通过饲养人员、饲料包装物等带入本病。每周用消毒灵或臭药水对猪舍和环境消毒 1 次。做好灭鼠工作。

（3）在饲料中添加药物 可控制本病发生，减少死亡，起到短期的预防作用。

（4）药物治疗

1）硫酸新霉素 7～15g，拌入 100kg 饲料中喂猪，连续饲喂 3～5 天。

2）土霉素碱，治疗量为每千克体重 30～50mg，每天 2 次，5～7 天为 1 个疗程，连用 3～5 个疗程；预防量减半。

3）杆菌肽，治疗量为每吨饲料 500g，连用 3 周；预防量减半。

4）痢菌净，治疗量为每千克体重 5mg，口服，每天 2 次，连用 3～5 天；预防量，每吨饲料均匀混入 50g，可连续使用。

5）洁霉素，治疗量为每吨饲料 100g，连用 3 周；预防量为每吨饲料 40g。

6）泰乐菌素，治疗量为每升水 570mg，连饮 3～10 天；预防量为每吨饲料 100g。

7）血痢净（主含痢菌净），每千克饲料 1g，连喂 30 天；吃乳的仔猪灌服 0.5% 痢菌净溶液，每千克体重 0.25mL，每天 1 次。

8）喂中药，用葛根 35g、党参 4g、藿香 5g、茯苓 5g、炙甘草 3g，煎水喂服；用鲜侧柏叶 120g，鲜马齿苋、鲜韭菜各 150g，煎汁灌服。

143 引起猪呼吸系统疾病的因素及主要疾病有哪些？

【主要因素】

（1）传染病因素 内源性感染，例如，巴氏杆菌、支原体、副嗜血杆菌、巴氏杆菌等，这些病原菌往往是猪体的常在菌，当机体的抵抗力下降时，这些细菌在体内大量繁殖，引起疾病。

外源性感染，病原体通过传播媒介感染易感猪群，引起疾病，并且易发继发感染与混合感染。

（2）非传染因素 2个或多个病原共同作用于猪的呼吸道，引起猪呼吸系统疾病。

（3）应激因素 气候骤变、密度过高、通风不良、免疫、饲养管理不善等都会引起猪呼吸系统疾病。

【主要疾病】 有猪传染性胸膜肺炎、猪肺疫、猪传染性萎缩性鼻炎、猪副嗜血杆菌病、猪气喘病、猪繁殖与呼吸综合征、猪圆环病毒2型感染、猪巴氏杆菌病等。

144 什么是猪传染性胸膜肺炎？猪传染性胸膜肺炎的流行特点及传播途径有哪些？

猪传染性胸膜肺炎是由胸膜肺炎放线杆菌引起的以胸膜肺炎为特征的呼吸系统严重接触性传染病。急性死亡率高，慢性可以耐过。

【流行特点】 该病一年四季均可发生，但4~5月和9~11月多发，受环境因素影响较大，气温骤降、猪舍潮湿、通风不畅、饲养密度大等，容易引发该病。随饲养管理条件和环境条件改善而不同程度地降低。

各种年龄猪都可发生，但以3~4月龄架子猪发病死亡较多。哺乳仔猪不发病。病猪和带菌猪是本病的主要传染源，尤其是慢性带菌猪为重要传染源。

【传播途径】 病菌主要存在于病猪的呼吸道，通过空气飞沫传染，经呼吸道感染，规模化养猪最易接触感染，发病率相对较高。

145 猪传染性胸膜肺炎的临床症状有哪些？

【最急性与急性型】 有几头猪突然发病，体温升高至41.5~

43℃，不吃食，短时腹泻和呕吐，后期呼吸高度困难，张口伸舌，呈现犬坐姿势，心跳加快，口、鼻、耳、四肢皮肤呈蓝紫色，口、鼻出血（图3-62），上述症状在发病初的2天内表现明显。如果不及时治疗，病猪将在1～2天内因窒息死亡。个别猪未显症状便死亡。如果急性病猪不死将转为亚急性和慢性型。

【亚急性和慢性型】 病程较长，约15～20天，慢性期体温变化不大，有程度不等的间歇性咳嗽，食欲减退，病猪不爱活动，驱赶时勉强爬起。生长缓慢，当环境改变或被其他病原体感染时，则出现严重症状。母猪会发生流产、死胎。若无其他疾病并发，一般能自行恢复。

146 猪传染性胸膜肺炎的病理变化有哪些？

死于最急性猪传染性胸膜肺炎的猪常有血染泡沫状物从鼻孔流出，并充满上呼吸道，整个肺血色水肿。胸腔和心包腔充满大量的浆液性或血水样渗出物。气管黏膜水肿、出血、变厚。由于很多小叶出血性病灶的存在，使整个肺呈红色或斑点状。病灶通常发生在肺的一侧、背侧及肺门。

死于急性呼吸困难的猪有纤维素性、纤维素出血性及纤维坏死性支气管肺炎。病变区有纤维素性渗出、坏死和不规则的出血。肺小叶间质增厚，覆盖肺表面纤维素性膜及其附着物引起与临近的胸膜表面发生粘连。病程在4、5天以上的猪，常在肺的背侧和肺门有大小不等的坏死病灶。见彩图3-63和彩图3-64。

147 猪传染性胸膜肺炎的实验室诊断方法有哪些？

取病料接种绵羊血琼脂平板，再在平板上按"S"状接种上该菌，培养后如见有可疑菌落，再以阳性血清做玻片凝集试验，即可诊断。

148 猪传染性胸膜肺炎的防治措施有哪些？

(1) 免疫接种 使用猪传染性胸膜肺炎疫苗免疫注射，怀孕母猪产前1个月注射2mL，仔猪首免为6～8周龄，隔2周再免1次。种猪在引入时或6月龄时免疫，3周后再免疫1次。有条件的可使用自家灭活疫苗免疫。

（2）自繁自养 自繁自养是防病的重要措施之一，如必须引种，先隔离饲养一段时间，观察无病后方可进入指定的圈舍。防止引入带菌猪，该病一旦传入健康猪，难以清除。

（3）改善环境 注意通风换气，保持空气新鲜。猪群应注意保持合理的密度，密度过大容易患呼吸系统病。

（4）加强消毒 要定期进行消毒，并长年坚持，发病猪与健康猪隔离后应及时消毒圈舍。对环境、外来车辆也要及时消毒。

（5）药物防治

1）强效阿莫西林按每千克体重 20mg、盐酸恩诺沙星按每千克体重 5mg、地塞米松按每头 10mg，将三种药混合，在一侧颈部肌内注射，另一侧颈部再肌内注射硫酸丁胺卡那霉素，用量为每千克体重 8mg，每天 1 次，连用 5 天。

2）青霉素，每头每次 80 万~240 万国际单位，每天 2 次，连用 3~5 天。

3）环丙沙星注射液，按每千克体重 3~10mg 肌内注射，每天 2 次，连用 3~5 天。

4）能正常采食者，可用土霉素拌料，剂量为每千克饲料中加入 600mg，连用 3~5 天，可以控制本病发生。

5）注射庆增安注射液，每次每千克体重 0.1mL，每天 2 次，连用 3 天。喘必治 100g 加水 100kg。

6）氨苄青霉素，按每千克体重 2~7mg，肌内注射，每天 2 次，首次剂量加倍。

一种药物连用数天治疗效果不显著时，应及时更换药物或几药物联合使用。也可选用氨苄青霉素头孢（先锋）霉素、庆大霉素、泰妙菌素、壮观霉素与林可霉素联合使用等。

> ⚠️ **【注意】** 早期治疗效果较好，若猪吃食和饮水正常，可采取口服与注射同时给药。

有条件的最好做药敏试验，选择敏感药物进行治疗。采用抗生素进行治疗在临床上能取得一定成功，但并不能在猪群中消灭感染，需要配合消毒等环节一起进行。

149 什么是猪肺疫？猪肺疫的流行特点及传播途径有哪些？

猪肺疫又称猪巴氏杆菌病、锁喉疯、肿脖瘟、出血性败血症。该病是由多杀性巴氏杆菌引起的一种呼吸道传染病。急性的呈败血症变化，慢性的多与其他疾病（猪气喘病、猪瘟等）混合感染或继发感染。

【流行特点】 各种年龄的猪都可感染发病。但以小猪和种猪发病率高，本病多发生于春季、秋季、气候骤变、潮湿、多雨高温的季节。猪场一旦发生该病，死亡率较高，难以清除，如能够采用早期断奶的措施，可减少仔猪发病的机会。本菌也是一种条件性致病菌，当猪受不良的外界环境影响，导致猪的抵抗力下降，这时病原菌会大量增殖并引发该病。

【传播途径】 病原体主要存在于肺脏等器官，也存在于健康猪的呼吸道和肠管中，随病猪经排泄物、分泌物等排出，污染饲料、饮水、用具及外界环境，经消化道而传染给健康猪，也可由咳嗽、喷嚏排出病原，通过飞沫经呼吸道传染。此外，皮肤及黏膜损伤都可感染。

150 猪肺疫的临床症状有哪些？

【最急性型】 常见于流行初期，病猪于前一天晚吃喝如常，无明显临床症状，次晨已死在圈内。症状明显的可见体温升高至41℃以上，废食，精神沉郁，寒战，可视黏膜发绀，耳根、颈、腹等部皮肤出现紫红色斑。

较典型的症状是急性咽喉炎，颈下咽喉部急剧肿大，呈紫红色，触诊坚硬而热痛，致使呼吸极度困难，叫声嘶哑，常两前肢分开呆立，伸颈张口喘息，口、鼻流出白色泡沫液体，有时混有血液，严重时呈犬坐姿势（彩图3-65），张口呼吸，最后窒息而死。病程1～2天，病死率很高。

【急性型】 较常见，体温为40～41℃，不食，卧地不起，出现痉挛性干咳，呼吸困难，后成湿咳，随病程发展，呼吸更加困难，呈犬坐姿势，有时发出喘鸣声，初便秘、后腹泻，在皮肤上可见血斑。病程5～8天。

【慢性型】 持续咳嗽和呼吸困难，鼻流少量黏液，有时出现关节肿胀，消瘦，腹泻，经 2 周以上衰竭死亡。

151 猪肺疫的病理变化有哪些?

【最急性型】 病变以喉头及周围组织的出血性水肿为特征。肺水肿，淋巴结肿大，肾炎，脾出血，胃肠出血性炎症，皮肤有红斑。

【急性型】 以纤维素性肺炎为特征，有不同程度的肝变区，切开肝变区，有的呈暗红色，有的呈灰红色。伴有气肿和水肿。胸膜与肺粘连，肺切面呈大理石纹，胸腔、心包积液，气管、支气管黏膜发炎有泡沫状黏液，颌下淋巴结肿胀出血。

【慢性型】 尸体消瘦、贫血，肺肝变区扩大，有灰黄色或灰色坏死灶，内有向生姜片样物质，有的形成空洞，皮下组织见有坏死灶。心包与胸腔积液，胸腔沉着有纤维素，常常与病肺粘连。见彩图 3-66 ~ 彩图 3-69。

152 猪肺疫的实验室诊断方法及类症鉴别有哪些?

【实验室诊断方法】

（1）镜检 取病死猪肝、脾涂片，瑞氏染色，见两极着色小杆菌。

（2）细菌培养 无菌操作，取肝和脾病料接种麦康凯、鲜血琼脂培养基平皿，普通肉汤 37℃ 培养 24h，在麦康凯培养基上不长菌，在鲜血培养基上长出湿润的水滴样小菌落，周围不溶血，肉汤混浊。

【类症鉴别】 注意该病与猪传染性胸膜肺炎的鉴别，猪传染性胸膜肺炎胸膜表面多见有广泛的纤维素沉积，肺广泛性充血、出血、水肿和肝变，气管和支气管内有大量的血色液体和纤维素凝块，胸、腹腔内均有纤维素渗出液，肺胸膜粘连，严重的与心包粘连。

153 猪肺疫的防治措施有哪些?

（1）预防免疫 每年春秋两季定期用猪肺疫氢氧化铝甲醛疫苗或猪肺疫口服弱毒疫苗进行 2 次免疫接种。也可选用猪丹毒、猪肺疫氢氧化铝二联苗，猪瘟、猪丹毒、猪肺疫弱毒三联苗。接种疫苗

前几天和后 7 天内，禁用抗菌药物。

（2）加强管理　消除可能降低抗病能力因素和致病诱因，如圈舍拥挤、通风采光差、潮湿、受寒等。对圈舍、环境定期消毒。

（3）病猪隔离　发生本病时，应将病猪隔离、封锁、严密消毒。同栏的猪，用血清或用疫苗紧急预防。对散发病猪应隔离治疗。

（4）药物治疗

1）用青霉素 80 万 ~240 万国际单位、注射用水 5 ~10mL，肌内注射，连用 3 天。

2）庆大霉素按每千克体重用 1 ~2mg、四环素按每千克体重用 7 ~15mg，每天 2 次，直到体温下降。

3）用青霉素 120 万 ~240 万国际单位、硫酸链霉素 0.5 ~1g、维生素 C 注射液 10 ~15mL，一次肌内注射，每天 2 次，连用 3 天（供 20 ~50kg 体重猪）。

4）用阿米卡星注射液 60 万 ~120 万国际单位，一次肌内注射，每天 2 ~3 次至愈。

5）中药治疗：川贝母、杏仁、款冬花、栀子、陈皮、葶苈子、瓜蒌仁各 15g，黄芩 20g，银花 25g，甘草 10g，煎汤，候温内服，每天 1 剂，连服数剂。

用金银花 30g，连翘 24g，丹皮 15g，紫草 30g，射干 12g，山豆根 20g，黄芩 9g，麦冬 15g，大黄 20g，元明粉 15g。水煎分 2 次喂服，每天 1 剂，连用 2 天。

154 什么是猪气喘病？

猪气喘病也称猪支原体肺炎、猪地方性流行性肺炎，由肺炎支原体引起的一种慢性接触性呼吸道传染病。主要特征为猪咳嗽、气喘明显，生长速度缓慢。剖检肺叶发现对称性实变（称肝变），以及肺门淋巴结增生常有其他病菌继发和并发感染。

155 猪气喘病的流行特点及发病原因有哪些？

【流行特点】　不同年龄、性别和品种的猪都能感染。但以哺乳仔猪最易发病，其次是妊娠后期及哺乳母猪，成年猪多呈隐性感染。

本病无明显的季节性,以寒冷、多雨、潮湿或气候剧变时,较为多见。该病以慢性经过为主,但在新疫区多呈暴发性流行,病势剧烈,传染迅速,发病率和死亡率都比较高。如有巴氏杆菌、繁殖与呼吸综合征、支气管败血波氏杆菌、肺炎链球菌等继发感染,会造成重大的损失。

【发病原因】 饲养管理和卫生条件是影响本病发生和发展的主要因素,尤以饲料质量,猪舍拥挤、阴暗潮湿、寒冷、通风不良和环境突变等影响较大,是本病的诱因。

156 猪气喘病的临床症状有哪些?

主要症状为咳嗽和气喘明显,一般体温、精神和食欲正常。

【病的初期】 为短声连咳,早晨刚起或受到冷空气的刺激,或经驱赶运动咳嗽明显,同时流少量清鼻液,病重时流灰白色黏性或脓性鼻液。

【病的中期】 气喘症状明显,呼吸次数每分钟高达 60~80 次,呈腹式呼吸,此时咳嗽低沉。

【病的后期】 气喘加重,张口呼气,机体消瘦,不愿走动。常继发细菌性肺炎和其他病死亡。病情的严重程度与饲养管理和生活条件的好坏有很大的关系,病程可拖延数月。隐性型病猪有时发生轻咳,但症状不明显,全身状况较好,生长发育几乎正常,只是 X 线检查或剖检时,可见到气喘病病灶。见彩图 3-70。

157 猪气喘病的病理变化有哪些?

眼观病变是在肺脏前叶和心叶,粟粒至绿豆大小,然后逐渐扩展到尖叶、中间叶及膈叶前下缘,形成融合性支气管肺炎,两侧病变大致对称,病变部肿大,呈淡红色或灰红色半透明状,界限明显,呈肉样变化。若继发细菌感染,可引起肺和胸膜的纤维素性、化脓性和坏死性病变。见彩图 3-71。

158 猪气喘病的实验室诊断方法及类症鉴别有哪些?

【实验室诊断方法】 采用病原体分离培养的方法,分别取 5 头

发病仔猪的心血和肺部病料进行细菌分离培养。姬姆萨染色，油镜检查，如果看到深紫色球状、杆状、轮状、两极形等多形态微生物，可鉴定为猪肺炎支原体。

【类症鉴别】 要注意本病与猪流行性感冒、猪传染性胸膜肺炎、猪肺疫等病的鉴别，见附表 A-4。

159 猪气喘病的防治措施有哪些?

(1) 免疫接种 对种猪和断奶后不久的小猪进行接种，一种是猪气喘病冻干兔化弱毒疫苗；另一种是猪气喘病 168 株弱毒疫苗，适于疫区，肺内注射从右侧胸腔倒数第六肋至肩胛骨后缘 3～6cm 处（即"肺腧穴"）进针，刺透胸壁进行接种，每头注射 5mL 才能产生免疫效果。接种该苗 60 天后产生免疫力，免疫持续期为 8 个月。美国辉瑞公司生产的灭活疫苗已在国内使用，肌内注射，使用方便，效果不错。

(2) 自繁自养 不从有病猪场引种。引进猪隔离观察 3 周，无症状不发病，方能入舍。

(3) 提供好的环境 保持空气质量良好，通风，保持适宜的温度及合理的饲养密度。

(4) 控制措施 发病场要采取早发现、早隔离，并进行严格消毒的措施。加强饲养管理，淘汰病猪，更新猪群。

(5) 药物防治

1）泰妙菌素，每吨饲料加入 40～100g，连喂 5～10 天。

2）肌内注射林可霉素每天每千克体重 50mg，连用 5 天；土霉素每千克体重 70mg，每天 2 次，连用 5 天。10% 氟本尼考每天每 10kg 体重 0.5～1mL，连用 3～4 天。同时应该在饲料中添加宣肺止咳的中草药制剂，如德佳信诺生产的呼可宁、镇喘灵等。

3）肌内注射猪喘平，每天每千克体重 2 万～4 万国际单位，5 天为 1 个疗程。

4）肌内注射盐酸土霉素，每千克体重 10mg，每天 2 次，5～7天为 1 个疗程，必要时间隔 2 天再注射 1 个疗程。

5）洁霉素每千克体重 50mg，每天注射 1 次，5 天为 1 个疗程；

硫酸卡那霉素，每千克体重4万国际单位，每天肌内注射1次，5天为1个疗程；也可在饲料中添加泰牧菌素，预防量为每千克饲料500mg，治疗量加倍，连用2周。

6）肌内注射硫酸卡那霉素，每千克体重5～15mg，每天1次，5天为1个疗程。

160 什么是猪传染性萎缩性鼻炎？什么年龄的猪较严重？

猪传染性萎缩性鼻炎是由支气管败血波氏杆菌及多杀性巴氏杆菌联合感染鼻部，造成鼻甲骨萎缩和下卷、鼻梁骨变形的一种慢性接触性呼吸道传染病。

各年龄的猪均可感染，但以幼猪病变严重，1月龄以内的仔猪感染该病常常在几周内出现鼻炎和鼻甲骨萎缩症状，成年猪多呈隐性感染，几乎不显症状。

161 猪传染性萎缩性鼻炎的传播途径及发病原因有哪些？

【传播途径】　主要是通过飞沫和接触传播，且传染性极强。发病母猪是主要的传染源，常使仔猪出生后早期感染，导致病情加重，出现鼻甲骨萎缩、鼻梁骨变形等症状。

【发病原因】　猪舍通风不良和卫生条件差等是该病的诱因，如氨气、硫化氢、尘埃和微生物浓度过高，过度拥挤，活动受限等因素更能促进本病的扩散和蔓延。

162 猪传染性萎缩性鼻炎的临床症状有哪些？

初始病猪打喷嚏和吸气困难，逐渐鼻腔有脓性鼻汁流出，有的鼻孔流血。特别是在采食时，常用力摇头，以甩掉鼻腔分泌物。有时用鼻端拱地，或在硬物上摩擦。

鼻炎常使鼻泪管发生阻塞，引起结膜炎（红眼），使泪液分泌增加，在眼眶下形成半月形湿润区，被尘土沾污后黏结形成黑色痕迹（泪斑）。由于鼻甲骨的萎缩，使鼻腔短小，如一侧鼻腔发生严重萎缩时，则鼻端弯向受侵害的一侧，形成歪鼻子。个别病例可引起肺炎、脑炎。见彩图3-72和彩图3-73。

163 猪传染性萎缩性鼻炎的病理变化、实验室诊断方法及类症鉴别有哪些?

【病理变化】 主要在鼻腔和邻近组织,特征性病变是鼻腔的软骨组织和骨组织的软化萎缩,鼻甲骨下卷曲消失。严重病例鼻甲骨萎缩,鼻腔变成一个鼻道。见彩图 3-74 和彩图 3-75。

【实验室诊断方法】 取病料进行病原分离。将猪鼻盘部污染物擦干净,用 70% 酒精消毒,用长的灭菌棉棒插入鼻腔中部或深部,轻轻转动几次后取出,放入盛有肉汤的试管中培养。也可采取感染猪的血清做试管凝集试验,其判定标准为:1∶80 出现 + + 以上为阳性,1∶40 + + 为可疑,1∶20 以下为阴性。

【类症鉴别】 猪传染性萎缩性鼻炎是由坏死杆菌引起的软组织及骨组织坏死腐臭并形成溃烂或瘘管。骨软病属于代谢病,鼻部肿大变形,但无呼吸症状,有骨质疏松、异食等特点,但鼻甲骨不萎缩。

164 猪传染性萎缩性鼻炎的防治措施有哪些?

(1) **定期免疫接种** 在常发地区可用猪传染性萎缩性鼻炎灭活疫苗,可于母猪分娩前 40 天左右注射疫苗 2 次,间隔 2 周,以保护初生后几周内的仔猪不受感染,待仔猪长至 1 ~ 2 周龄时,再给仔猪注射疫苗 2 次,间隔 1 周,可明显提高猪体的抗感染能力。

(2) **使用药物预防** 对有病史的猪场,控制猪传染性萎缩性鼻炎的方法是预防性投药,在母猪料和小猪料中添加一种或几种有效抗生素(如泰乐菌素、土霉素等)对预防疾病和促进生长均有好处,一般于产前 2 周开始用药,并在哺乳期定期进行,对哺乳仔猪可鼻腔用药,在一定程度上可以控制或减少该病的发生。

(3) **采取"全进全出"方式** 猪全部出场后最少空圈 2 周,并对栏舍进行全面消毒,再引进猪,对预防本病有重要作用。

(4) **加强饲养管理** 特别是对 1 个月内的仔猪,要创造良好的环境条件,加强保温工作,防止冷风袭击,适当降低猪群的饲养密度以减少空气中有害气体和病原菌,采取严格的卫生防疫制度,避免各种应激因素的影响。

（5）隔离、淘汰病猪　发现有症状的猪及时隔离，淘汰阳性猪，病猪圈舍要进行彻底清洗，并用2%烧碱水或其他消毒剂消毒，空圈1个月后，重新引种组群，这是彻底清除病菌的有效方法。

（6）药物治疗

1）硫酸链霉素25万~50万国际单位，肌内注射，每天2次，连用3天。

2）用1%~2%硼酸溶液（内加可卡因或肾上腺素）或0.1%高锰酸钾溶液滴鼻，或用25%硫酸卡那霉素鼻腔喷雾。

3）1%盐酸金霉素水溶液1~2mL，注入哺乳仔猪鼻道，每天1次，3天为1个疗程。对仔猪可采用三疗程法，即第一个疗程给5~7日龄仔猪每次每个鼻道注入1mL，第二个疗程给30~40日龄仔猪每次每个鼻道注入1.5mL，第三个疗程给断奶仔猪每次每个鼻道注入2mL。

4）可选用氨苄青霉素、链霉素、卡那霉素、环丙沙星以及恩诺沙星肌内注射，同时鼻腔喷雾。

5）中药治疗：

①当归、栀子、黄芩各15g，知母、桑白皮、麦冬、牛蒡子、射干、甘草、川芎各12g，苍耳子18g，辛夷8g，水煎服（30kg猪的量）。

②辛夷、黄柏、知母、半夏各40g，栀子、黄芩、当归、苍耳子、牛蒡子、桔梗各15g，白藓皮、射干、麦冬、甘草各10g，粉碎后分2份，早晚各1份，25kg猪1天的用量，连用9天。

165 什么是猪副嗜血杆菌病？猪副嗜血杆菌病的发病原因有哪些？

猪副嗜血杆菌病又称多发性纤维素性浆膜炎和关节炎，也称格拉泽氏病。是由猪副嗜血杆菌引起的断奶后35~60天猪易感性高的呼吸系统为主的传染病。

该细菌普遍存在于环境中，当环境不良，受到断奶、转群、混群或运输等刺激时，通过咳嗽经呼吸传播本病，特别当猪群中存在猪繁殖与呼吸综合征、猪流行性感冒或猪气喘病的情况下，继发感染或混合感染较多。

据报道，从患肺炎的猪中分离出猪副嗜血杆菌的比率越来越高，被人们称为"机会主义"病原。发病率、死亡率较高。

166 猪副嗜血杆菌病的临床症状有哪些？

【急性型】 有的无明显症状突然死亡。时间稍长的病猪体温升高至 40.5 ~ 42.0℃，精神不振，反应迟钝，食欲下降或厌食不吃，咳嗽，呼吸困难，有轻微的吹哨音，心跳加快，随发病时间的延长，皮肤发绀或苍白，耳梢发紫，眼睑皮下水肿，眼圈青紫（戴眼镜），鼻出血（彩图 3-76）。

扎堆，腕、跗关节肿大，行走缓慢或不愿站立，出现瘸腿或一侧性瘸腿，行走不稳，临死前侧卧或四肢呈划水样。

【慢性型】 食欲下降，咳嗽，呼吸困难，被毛粗乱，四肢无力或瘸腿，皮肤苍白和生长不良，也可发生突然死亡。当猪群存有猪气喘病、猪繁殖与呼吸综合征、猪圆环病毒病、猪流行性感冒、猪伪狂犬病、猪呼吸道病和猪冠状病毒感染时，猪副嗜血杆菌病的危害程度加大，同时加剧猪圆环病毒病的病情发展。多见于断奶后的仔猪。

生长猪表现为发热、轻微的脑膜炎、关节炎、跛行、肺炎、心包炎、腹膜炎、咳嗽。见彩图 3-77。

167 猪副嗜血杆菌病的病理变化有哪些？

胸腔积有纤维素，胸膜炎、心包炎、肺炎、肺水肿严重，并出现肝周炎、腹膜炎和关节炎。腹股沟淋巴结肿大，呈灰白色。肠鼓气，出现腹膜炎。该病很少单独发生。常与其他病混合感染。见彩图 3-78 ~ 彩图 3-81。

168 猪副嗜血杆菌病的实验室诊断方法有哪些？

涂片镜检：无菌采取脾、肺及心脏血液等病料，接种于血液培养基，温度为 37℃，培养 24 ~ 48h，可见细小柔软、灰色透明、针尖大小的菌落，不溶血。挑取培养的典型菌落接种于血液培养基，同时在上面接葡萄球菌，温度为 37℃，培养 24h 后发现，越靠近葡萄球菌落处，该分离菌落越大，而越远离葡萄菌落处，该分离菌落越小，挑取培养的典型图片染色镜检，发现革兰氏阴性短小杆菌。

> ⚠ 【注意】 应注意该病与猪放线杆菌感染、猪链球菌脑膜炎、猪关节炎、猪细菌败血病等疾病的鉴别。

169 猪副嗜血杆菌病的防治措施有哪些？

（1）**免疫接种** 常发地区使用猪副嗜血杆菌多价灭活苗，初产母猪产前 40 天免疫 1 次，产前 20 天再免疫 1 次；经产猪产前 30 天免疫 1 次即可。受本病严重威胁的猪场，一般对 7～30 日龄内的仔猪进行免疫，每次 1mL，一免后 15 天再免疫 1 次，二免距发病时间要有 10 天以上的间隔。有条件的猪场可使用自家苗进行免疫，有一定的预防效果。

（2）**消除诱因** 减少仔猪断奶、转群、混群或运输等各种应激。可在饮水中加一些抗应激的药物如维生素 C 等。

（3）**加强管理** 注意保温，防止受寒。加强环境消毒。

（4）**饲料拌药** 在仔猪断奶后的饲料中添加支原净、氟甲砜霉素、头孢菌素、阿莫西林、氨苄青霉素、庆大霉素，有一定的治疗效果。

（5）**尽早治疗** 口服抗生素进行全群性药物预防。为控制本病的发生发展和耐药菌株的出现，有条件的猪场应进行药敏试验，科学使用抗生素。应用以下抗生素。

1）肌内注射硫酸卡那霉注射液，每次每千克体重 20mg，每晚肌内注射 1 次，连用 5～7 天。

2）口服土霉素纯原粉，每千克体重 30mg，每天 1 次，连用 5～7 天。

3）注射用青霉素钠 200 万国际单位，注射用水 5mL。用法：一次肌内注射，每天 2 次，连用 3～5 天。

4）泰牧霉素用法：按每千克体重 50mg 拌入饲料中饲喂，连用 1 周以上。

5）林可霉素以及喹诺酮类药物都有很好的治疗效果。

170 什么是猪流行性感冒？猪流行性感冒的流行特点及
   传播途径有哪些？

猪流行性感冒简称猪流感，是由猪流感病毒引起猪突然发病

（体温升高、咳嗽、呼吸困难、衰竭、迅速波及全群）的一种急性、高度接触性的呼吸道疾病。

【流行特点】 本病可发生于不同年龄和不同品种的猪，发病有明显的季节性，多见于气候骤变的晚秋、初冬和早春季节。还可继发猪副嗜血杆菌、巴氏杆菌、沙门氏菌或肺炎双球菌、支原体感染等病。如无继发感染，死亡率不高。本病一旦发生，往往在2～3天内波及全群或一个地区，常呈地方性流行或流行性。但病程短，病死率低。

【传播途径】 呼吸道为主要传播途径。

171 猪流行性感冒的临床症状有哪些？

本病潜伏期很短，几小时至数天，在猪群中多数猪同时出现相同症状，病初表现为发热（40.5～41.7℃）、精神不振、厌食、反应迟钝、挤堆；呼吸困难，呈腹式呼吸、咳嗽、打喷嚏、流鼻涕，眼结膜潮红。本病发病率高、死亡率低，如无并发症，一周左右可自行康复，如继发感染猪支原体肺炎、猪传染性胸膜肺炎、猪副嗜血杆菌、多杀性巴氏杆菌和猪链球菌等细菌病，能造成死亡。怀孕母猪可能发生流产。见彩图3-82。

172 猪流行性感冒的病理变化与实验室诊断方法有哪些？

【病理变化】 单纯猪流行性感冒的主要病变为病毒性肺炎，肺的尖叶和心叶出现炎症，病变组织和正常组织之间有明显的界线，病变区为紫色，质地硬，一些肺叶间质明显水肿。呼吸道有泡沫状黏性分泌物。肺门淋巴结、纵膈淋巴结充血、肿大。如果并发细菌疾病，则病变更为复杂。

【实验室诊断方法】 用灭菌的棉拭子采取鼻腔分泌物，放入适量生理盐水中洗涮，再加青霉素、链霉素处理，后接种于10～12日龄鸡胚的羊膜腔和尿囊内，在35℃下孵育72～96h后，收集尿囊液和羊膜腔液，进行血凝试验和血凝抑制试验，鉴定其病毒。

173 猪流行性感冒的防治措施有哪些？

（1）免疫接种 接种流感疫苗是预防猪流行性感冒发生最有效

的方法。目前市场上的疫苗有灭活疫苗和亚单位疫苗。接种后，对同一血清型的流感病毒感染有较好的预防作用。

（2）**加强饲养管理** 提高圈舍温度，避免贼风侵袭；供给清洁的饮水；喂全价的饲料，提高猪体的抵抗力。

（3）**控制继发感染** 可在饲料中添加四环素类、青霉素类等抗生素或其他药物。

（4）**选用抗病毒药** 病毒唑对流感病毒有一定的预防和治疗作用。

（5）**对症治疗** 可肌内注射安乃近、氨基比林、复方奎宁或柴胡等注射液，以解热镇痛。还可用安乃近5mL于猪的百会穴注射。

（6）**消毒** 受威胁的猪群每天用0.02%新洁尔灭溶液喷雾猪头部，消毒猪舍，或用食醋熏蒸消毒（猪舍每立方米用食醋10～15mL，放容器内，加水稀释1倍，在火炉上文火加热），每天1次，连用3天，有预防作用。

174 什么是猪痘？猪痘病毒有哪些特性？

猪痘是由病毒引起的在皮肤和黏膜出现痘疹的一种急性传染病。

【病毒特性】 病毒可在猪体之外存活很长时间，并且能抵抗各种环境变化。在干燥的痂皮中能存活6～8周。常用的消毒药如0.5%福尔马林等易使其灭活，常呈地方流行性。

175 猪痘的流行特点及临床症状有哪些？

【流行特点】 该病常发生于仔猪和小猪，成年猪的抵抗力较强不易发生，该病主要通过皮肤外伤、猪打斗、混群传染，在猪虱和其他吸血昆虫较多、卫生状况不良的猪舍最易发生。由于痘病毒在干痂中能生存很长时间，随着猪的不断更新，可使该病长期地留存在猪群内发生感染。

【临床症状】 病初体温升高至41.5℃左右，精神不振，食欲减退，不愿行走，瘙痒，少数猪鼻、眼有分泌物，腹下、头部及四肢等少毛部位出现红斑，开始为深红色的硬结节，突出于皮肤表面，略呈半球状，不久变成痘疹。逐渐形成脓疱，继而结痂痊愈。见彩图3-83。

176 猪痘的实验室诊断方法有哪些?

采用病原分离鉴定的方法。取痘疹皮、痘疹液等经处理后,接种猪肾、睾丸单层细胞,观察细胞病变,电镜检查病毒。鉴定病毒可用已知阳性血清做细胞中和试验。

⚠ 【注意】 本病易与化脓性皮炎和疥螨过敏相混淆。但仔细观察可以区别。

177 猪痘的防治措施有哪些?

1)加强饲养管理。搞好卫生,做好猪舍的消毒与驱蝇灭虱工作。

2)搞好检疫工作。对新引入猪要搞好检疫工作,隔离饲养1周,观察无病后方能合群。

3)防止皮肤损伤。及时清除栏圈的尖锐物,避免刺伤和划伤猪,并防止猪咬斗,肥育猪原窝饲养可减少咬斗。

4)局部痘疹可涂 2% ~5% 碘酊或各种软膏。

5)脓疱发生溃疡时,可先用 10% 高锰酸钾溶液冲洗,再涂龙胆紫溶液或涂擦 5% 碘酊。

6)肌内注射地塞米松磷酸钠注射液,每头 10mg,每天 1 次,连用 2 天。

7)喷雾猪体和栏舍,对发病猪每天喷雾 1 次,连用 3 天,5~7 天后患处结痂痊愈。

178 什么是猪破伤风?病原有何特性?有何流行特点?

猪破伤风又名强直症,是由破伤风梭菌经伤口感染后,产生外毒素而引起骨骼肌持续性痉挛和对刺激反射兴奋性增高的一种急性、中毒性传染病。

【病原特性】 一般的消毒药可以杀死病菌。但芽孢抵抗力很强,10% 碘酊、10% 漂白粉及 30% 双氧水等约 10min 才能使其失去活性。

【流行特点】 不分品种、年龄、性别的猪均可发生。无季节性。当环境卫生不良、春秋雨季时病例较多见。本病多为散发发生。

179 猪破伤风的发病原因及临床症状有哪些?

【发病原因】 猪破伤风,多由阉割时消毒不严或大面积缝合,又赶上阴雨连绵的季节而导致发病,并且发生较多。其他创伤也可感染发病。猪破伤风的发展过程是由破伤风梭菌(该梭菌为专性厌氧菌)经伤口感染后,当创口表面看起来似乎愈合时,破伤风梭菌在这种厌氧创伤深狭部位大量繁殖,产生毒素,随后出现特征性骨骼肌持续性痉挛和对刺激反射兴奋性增高的临床症状。

【临床症状】 潜伏期1~4周。病猪表现为肌肉僵硬,特别是咬肌收缩,张嘴困难,严重时牙关紧闭,耳竖立,颈伸直,四肢僵直不能弯曲,尾不摆动。对光、声、水很敏感,会引起全身肌肉痉挛加剧及头颈后仰。初期声音嘶哑,发出"吱吱"的尖细叫声,呼吸困难,最后缺氧或因不能进水、进食造成身体衰竭而死亡。病程1~2周,其病死率较高。

180 猪破伤风的类症鉴别有哪些?

临床上要注意本病与急性肌肉风湿症、狂犬病等病的鉴别。

(1) **急性肌肉风湿症** 患部肌肉僵硬、头颈伸直或四肢拘僵,但患部肌肉有痛感,且有结节性肿胀,牙关紧闭,第三眼睑外露,同时体温升高。水杨酸制剂治疗较好。

(2) **脑炎、狂犬病** 具有牙关紧闭、头颈后仰、肌肉强直等症状,但瞬膜不突出,尾不高举,有意识障碍或昏迷,并有麻痹症状。无特效药,只能采取对症治疗。

181 猪破伤风的防治措施有哪些?

(1) **对器械和术部消毒** 为预防感染,可在阉割和发生外伤后及时给猪注射破伤风抗毒素,有较好的预防效果。

(2) **发病后及时治疗**

1)将猪隔离到安静的地方,尽量减少或避免刺激。防止发生外伤,特别是在猪阉割、母猪分娩和外伤时,要做好防护消毒工作。

2)用生理盐水清洗,彻底处理伤口。

第三章 猪传染病的防治技术

89

3）早期及时注射抗破伤风血清10万~20万国际单位，分2次皮下注射。

4）破伤风抗毒素1万~2万国际单位，肌内或静脉注射，同时在创伤周围分点大剂量注射破伤风抗毒素效果较好。

5）采用镇静解痉药物，如氯丙嗪50~100mg，或水合氯醛灌肠，或25%硫酸镁10~15mL，或1%普鲁卡因穴位注射；注射维生素C、调整胃肠药等。

6）采用中药疗法。用僵蚕60g、红花30g、川芎45g、续断25g、防风30g、全蝎45g，水煎、黄酒250g为引，分4~6次灌服。

182 什么是猪丹毒？猪丹毒杆菌有何特性？

猪丹毒是由猪丹毒杆菌引起的一种急性败血症、亚急性皮肤疹块、慢性疣状心内膜炎及关节炎的急性、热性、败血性传染病。

猪丹毒杆菌的耐酸性较强，可经胃而进入肠道繁殖。对盐腌、火熏、干燥、腐败和日光等自然环境的抵抗力较强。在病死猪的肝、脾内温度为4℃时存放159天，毒力仍然强大。露天放置27天的病死猪肝脏中，深埋1.5m 231天的病猪尸体中，12.5%食盐处理并冷藏于4℃148天的猪肉中，都可以分离出猪丹毒杆菌。但一般消毒药，如2%福尔马林、1%漂白粉、1%氢氧化钠或5%碳酸，效果较好。

183 猪丹毒的流行特点及传播途径有哪些？

【流行特点】 断奶后至3~6月龄的架子猪最容易感染。夏秋多雨季节发病较多。

【传播途径】 病猪、带菌猪及其他带菌动物是主要传染源。它们的分泌物、排泄物污染饲料、饮水、土壤、用具和场舍等，然后传染给易感猪。主要经消化道感染，也可通过皮肤创伤、蚊、蝇、虱等吸血昆虫传播本病。

184 猪丹毒的临床症状有哪些？

【急性型（败血型）】 最为常见，突然发病死亡。体温达到42℃或更高，1~2天不退烧，怕冷，不食、呕吐。初期便秘，粪便干硬呈栗状，附有黏液；后腹泻，粪便有时带血。眼睑水肿，眼睛清亮。结膜充血，常流出大量黏稠分泌物。皮肤有大小形状不一的红色疹块，主要出现在胸、腹、腋下、股内等皮肤较薄处，颈、耳部初期为淡红色逐渐变为暗紫色，指压褪色。一般病程短促，有些病猪经 3～4 天体温降至正常以下而死。不死者转为亚急性型或慢性型。见彩图 3-84。

【亚急性型（疹块型）】　在胸侧、背部、股外侧、颈部，出现方形或菱形疹块，稍突起于皮肤表面，俗称"打火印"。从几个到几十个不等。初期疹块充血，指压褪色；后期淤血，指压不褪色。疹块出现后，体温开始下降，病势减轻，经数日，疹块干涸后成痂。有时皮肤发生坏死，多见于尾和耳部，起初肿胀发热，后变为干而冷，不久脱落。若发生于背部，坏死区逐渐与其下层新生组织分离，犹如一层甲壳。常有大片皮肤脱落，遗留一片无毛、色淡的疤痕而愈。病程 1～2 个月，若能及时治疗，预后良好。见彩图 3-85。

【慢性型（疣状心内膜炎及关节炎型）】　一般由败血型、疹块型或隐性感染转变而来，主要表现为关节炎和心内膜炎，关节炎主要表现为关节（腕、膝、跗）肿大，弓腰，行动僵硬，出现瘸腿或卧地不起，生长缓慢，体质虚弱，消瘦，病程数周或数月。有的出现慢性心内膜炎，听诊心脏有杂音，心跳快，常因心肌麻痹而突然死亡。见彩图 3-86。

185 猪丹毒的病理变化有哪些？

【急性型（败血型）】

1）鼻、唇、耳及腿内侧等处皮肤和可视黏膜呈不同程度的紫红色。

2）全身淋巴结发红肿大，呈紫红色，切面多汁，呈浆液性出血性炎症。

3）肺充血、水肿。

4）脾呈樱桃红色，肿大、充血。见彩图 3-87。

5）消化道黏膜发炎，胃底及幽门部尤其严重，黏膜发生弥漫性出血。十二指肠及空肠前部出现出血性炎症。

6）肾肿大，呈大紫色，表面如云雾状，切开皮质部有暗红色小

点。见彩图 3-88。

7）心内外膜有点状出血。

【亚急性型（疹块型）】 可见皮肤有大小不等、形态各异的暗红色疹斑。

【慢性型（疣状心内膜炎及关节炎型）】 关节炎型在关节腔内可见到纤维素性渗出物，黏稠或带红色。后期滑膜绒毛增生肥厚。心内膜炎型心脏的房室瓣常有疣状物，形如菜花状，见彩图 3-89。

186 猪丹毒的实验室诊断方法有哪些？

1）败血症病例可采集耳静脉血，死后采取心血和脾、肝、肾；亚急性型取疹块边缘皮肤血。制成触片或抹片，染色镜检，如发现革兰氏阳性细小杆菌，在白细胞内成行排列，可初步诊断为该病。

2）将新鲜病料接种血琼脂，培养 48h 后，长出边缘整齐、表面光滑的小菌落，并有蓝绿色荧光。明胶穿刺呈试管刷状生长，不液化。

3）将病料制成 1∶5 至 1∶10 乳剂，分别接种小鼠、鸽和豚鼠，如果小鼠和鸽于 2~5 天内死亡，尸体内可检出丹毒杆菌，而豚鼠无反应，可确诊为本病。

187 猪丹毒的类症鉴别有哪些？

临床上应注意本病与猪瘟、猪链球菌病、猪肺疫、急性仔猪副伤寒的鉴别。

他们的相同症状是皮肤上都有出斑血点。不同症状为：猪瘟的出血斑点指压不退色，药物治疗无效；猪链球菌病分几种不同的类型，如败血症型、脑炎型、关节炎型等；猪肺疫脖子肿胀，呼吸困难，易出现窒息死亡；急性仔猪副伤寒皮肤呈蓝紫色。猪链球菌病、猪肺疫、急性仔猪副伤寒三种病如果及早发现，使用抗生素可以治疗。

他们的流行特点也不同，猪瘟是由病毒引起的，大小猪均可发病，无季节性；猪链球菌病是由细菌引起的，哺乳仔猪发病率和死亡率高，5~11 月发病较多；猪肺疫，秋末春初发病较多，小猪和中猪发病率高；急性仔猪副伤寒是由沙门氏菌引起的，多见于 1~4 月龄猪，成年猪及哺乳猪很少发病，多雨潮湿、寒冷、交替季节多见。

188 猪丹毒的防治措施有哪些?

1）疫苗预防：可选用猪丹毒弱毒疫苗，皮下注射 1mL/只；猪丹毒氢氧化铝甲醛苗，每 100kg 体重皮下或肌内注射 5mL；每年春、秋两季用猪瘟、猪丹毒二联弱毒苗肌内注射 1mL。在猪丹毒常发区和集约化猪场，每年春秋或夏冬二季定期进行预防注射，是防治本病最有效的方法。

2）加强饲养管理，提高猪群的抗病能力。经常保持用具、场圈清洁，搞好环境卫生，定期消毒。

3）猪群中发现病猪时，应立即隔离治疗。消除各种诱因，消灭传染源。

4）药物预防：土霉素、四环素和卡那霉素可用于发病猪群中未发病猪的预防。

5）药物治疗：

① 早治效果较好，青霉素首量加倍，青霉素肌内注射，体重20kg 以下的猪用青霉素钾 80 万国际单位，10% 维生素 C 注射液 5～10mL；体重 20～50kg 的猪用青霉素钾 160 万国际单位，10% 维生素 C 注射液 10～15mL；体重 50kg 以上的酌情增加，每天早、晚各肌内注射 1 次，连用 3 天。待食欲、体温恢复正常后再持续用 2～3 天，防止复发。

② 氨基比林 5mL 配合青霉素 40 万～160 万国际单位，前蹄叉穴注射。

③ 穿心莲注射液 10～20mL，一次肌内注射，每天 2～3 次，连用 2～3 天。

④ 中药治疗。

处方一：双花、连翘、地骨皮、大黄、滑石各 12g，黄芩 19g，蒲公英 15g，地丁 15g，木通 10g，生石膏 30g；水煎服，体重25kg 左右的猪 1 次灌服，连服数剂。

处方二：寒水石 5g，连翘 10g，葛根 15g，桔梗 10g，升麻 15g，白芍10g，花粉 10g，雄黄 5g，双花 5g；研末一次喂服，每天 2 剂，连用 2 天。

处方三：柴胡 15g，陈皮 15g，木通 9g，山楂 30g，神曲 30g，大

黄 30g，芒硝 60g，苍术 15g，白术 15g，麦芽 20g，甘草 9g；水煎喂服，每天 1 剂，连服 2~3 剂。说明：本方用于猪丹毒后期，体温正常、便干、不食者。

189 什么是猪坏死杆菌病？猪坏死杆菌病的传播途径及流行特点有哪些？

猪坏死杆菌病是由坏死梭杆菌引起 3~6 月龄的架子猪及母猪出现坏死性皮炎、口炎等病型的一种慢性传染病。

【传播途径】 坏死梭杆菌广泛存在于自然界中，如土壤、水坑、畜舍、饲料和垫草中。也存在于动物的口腔，健康猪的肠道，内、外生殖器官等处。当猪互相咬斗，被尖锐物体刺伤，皮肤或黏膜损伤，或蚊蝇大量滋生季节，蚊蝇叮咬损伤皮肤、黏膜等，这时坏死梭杆菌乘虚而入，引发该病。另外病猪或带菌猪是主要传染源，病猪从粪便排出病原菌，污染环境，引发该病。

【流行特点】 本病常发生于潮湿、多雨的夏、秋季节，以 5~10 月最为多见。仔猪发病率较高，成年猪发病较少。如治疗不及时，病情较严重及体质瘦弱者能造成死亡。该病也可以感染人类，相关人员要注意自身防护。

190 猪坏死杆菌病的临床症状有哪些？

(1) 坏死性口炎 俗称"白喉"，病猪体温升高，少食，口腔黏膜红肿，唇、舌、齿龈、颊及扁桃体黏膜出现溃疡，上覆有粗糙、污秽、灰褐色或灰白色伪膜或痂皮，下有淡黄色的化脓性坏死性病变。臭味特殊，出现流涎，坏死进一步发展到咽喉处，出现进食和呼吸困难，呕吐，颌下水肿。多经 5~10 天死亡。也有的病程长达 2~3 周。多发生于仔猪。

(2) 坏死性鼻炎 鼻黏膜上出现溃疡，并覆有黄白色伪膜，可蔓延至鼻甲骨、气管和肺。病猪咳嗽，脓性鼻漏，导致猪消瘦，甚至死亡。多发生于仔猪和架子猪。

(3) 坏死性皮炎 多在体侧、颈侧和臀部的皮肤和皮下组织发生坏死和溃烂。耳根、尾、乳房等部位的皮肤也可发生坏死，出现溃疡。见彩图 3-90。

病初创口较小，内附有少量脓汁或外盖有干痂，痂下组织坏死，后扩展成囊状坏死灶。患部脱毛，病灶内组织坏死溶解，形成灰黄色恶臭液体，从创口流出。有的病猪大片皮肤干性坏死，如盔甲般覆盖体表。多发生于仔猪和架子猪。

（4）坏死性肠炎 病猪严重腹泻，迅速脱水消瘦。常并发或继发猪瘟、仔猪副伤寒等病。

191 猪坏死杆菌病的病理变化及实验室诊断方法有哪些？

【病理变化】

（1）坏死性口炎 除口腔、唇、舌等局部溃疡外，肠管和肺也见坏死灶，严重时肺形成坏死性化脓性胸膜肺炎。

（2）坏死性皮炎 除在外表可见组织坏死性病灶外，一般内脏可见转移性坏死灶，蔓延到胸、腹膜和全身各器官。

（3）坏死性肠炎 大小肠及胃粘膜可见固膜性坏死与溃疡，严重者波及肠壁全层，甚至穿孔。死亡病猪尸体消瘦。

【实验室诊断方法】 无菌取病健交界处组织涂片（体表或内脏病灶），革兰氏染色镜检。可见到着色不均的呈串球状长丝形的革兰氏阳性菌体。

192 猪坏死杆菌病的防治措施有哪些？

（1）防止外伤 避免人为的外伤，当发生咬伤等伤口时，应及时消毒处理，以防感染。

（2）搞好管理 创造舒适的环境，改善卫生条件，及时清除粪便，保持猪舍清洁、干燥、通风，经常进行消毒。

（3）隔离病猪 当猪发病时，立即隔离，并集中进行治疗。对猪舍地面、墙壁用 20% 氢氧化钠溶液进行刷洗，用具用 1% 高锰酸钾溶液洗刷消毒；粪便集中堆集，集中进行无害化处理。

（4）清理创伤 首先彻底清除患部坏死组织，充分暴露出新鲜创面，用 1% 高锰酸钾溶液或 3% 过氧化氢溶液冲洗，然后用以下任何一种药物涂擦或填充。

1）雄黄 30g、陈石灰 100g，加桐油调成粥状，填满疮口。

2）用豆油或各种植物油烧开后趁热（温热）灌入疮口内。

3）用灭菌脱脂棉拭干创面之后，撒布高锰酸钾、木炭末（等量）粉。每天 2 次。

4）直接用新鲜石灰填满，次日更换，达到杀菌治疗的作用。

对患蹄病的猪蹄部用高锰酸钾溶液清洗或按 5∶100 ～ 10∶100 配制的硫酸铜溶液洗净后，撒布高锰酸钾粉（研成细面）、硫酸铜粉、碘仿磺胺合剂。

对于耳部坏死化脓的猪沿着健康处切除，用烙铁烧烙止血，效果较好。

（5）抗生素治疗　口服土霉素 50 ～ 100mg，或者按每千克体重 60mg，一次肌内注射。口服新霉素 5 ～ 15mg，分 2 ～ 3 次服。

提示：猪坏死杆菌病的治疗方法较多，应根据发病的实际情况，采取最有效的措施，以达到治愈的目的。

193 什么是猪肉毒梭菌中毒症？猪肉毒梭菌中毒症的发病原因及临床症状有哪些？

猪肉毒梭菌中毒症是由于猪吃了含有肉毒梭菌所产毒素的饲料等引起的一种以运动器官迅速麻痹为特征的高度致死性急性中毒症。

【发病原因】　是吃了腐烂发霉的饲料，如青贮饲料、青草、干草粉，或者污水塘中的死螺、鱼、虾被猪吞食后发生中毒。

【临床症状】　吞咽困难或呼吸困难，流口水，视觉障碍，反应迟钝，运动困难，不能站立，有的在地上爬，皮肤发绀，叫声嘶哑，最后窒息死亡。

194 猪肉毒梭菌中毒症的病理变化有哪些？

咽喉、胃肠黏膜及心内外膜有出血斑点；气管黏膜充血，支气管有泡沫状液体，肺充血、水肿；脑膜明显充血和有大的出血点，脑和脊髓有广泛病变；肝肿大多血、呈黄褐色；肾呈暗紫色，有出血点；膀胱黏膜有出血点；全身淋巴结水肿；胸腹、四肢骨骼肌色淡，如煮过一样，且松软易断。

⚠ 【注意】 剖检时可见心、肺出血，十二指肠卡他性炎，即为阳性。

195 猪肉毒梭菌中毒症的实验室诊断方法有哪些？

取病猪的胃内容物和脾、肝、脑，各加入 1 倍的无菌蒸馏水，研磨后放置室温中 1～2h 浸出毒素，经滤纸过滤或离心后，将上清液分别灌服小鼠各 2 只，每只 1～2mL，也可以皮下注射小鼠各 2 只，每只 0.5～1mL；再用另一部分上清液 100℃ 加热 30min 后按上述方法的剂量灌服小鼠和皮下注射小鼠。然后观察 10 天，如用加热浸液处理的小动物健活，而未加热处理的小动物表现出腹壁肌肉和后肢麻痹的特殊症状，并呈俯伏状而死亡，可确诊为该病。

196 猪肉毒梭菌中毒症与硒-维生素 E 缺乏症有何区别？

猪肉毒梭菌中毒症与硒-维生素 E 缺乏症的区别见表 3-2。

表 3-2　猪肉毒梭菌中毒症与硒-维生素 E 缺乏症的区别

病　名	猪肉毒梭菌中毒症	硒-维生素 E 缺乏症
相同症状	四肢麻痹，常发生鸣叫，拉稀，心跳快而节律不齐	
不同症状	视觉障碍，行动困难，皮肤初发红，后出现紫红或苍白，颈、胸、腹下、四肢内侧皮肤常发紫，出现血红蛋白尿，尿中有各种管型	仔猪表现为营养不良，成年种猪出现繁殖障碍，母猪屡配不孕，孕母猪早产、流产、死胎或产弱仔
病理变化	各脏器有出血现象，全身淋巴结只是水肿，胸腹和四肢骨骼肌色淡，如煮过一样，且松软易断	骨骼肌色淡如鱼肉样，肩、胸、背、臀部肌肉可见淡黄色的条纹斑块状的浑浊坏死灶，心肌有黄白或灰白条纹斑
药物治疗	抗毒素有效，同时采取对症治疗	维生素 E 拌料，仔猪每千克饲料 10～15mg，配合使用硒制剂效果更好。醋酸生育酚，仔猪 0.1～0.5g/头，皮下或肌内注射，每天或隔天 1 次，连用 10～14 天

第三章　猪传染病的防治技术

197 猪肉毒梭菌中毒症的防治措施有哪些？

（1）免疫接种　常发病的地区，可注射肉毒梭菌菌苗预防。发

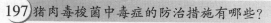

病早期可试用多价肉毒抗毒素，并配合强心、镇静等对症疗法。

（2）禁喂腐败的饲料　对已经腐败的饲料不可喂猪，病猪的粪便应及时清除，平时要搞好环境卫生。

（3）防止异嗜癖　饲料要全价，营养要平衡，光照要合理，光线要适当，方可防止异嗜癖的发生。

放牧地区防止舔食尸体残骸、污水等，可避免发生本病。

（4）药物治疗

1）口服1%硫酸铜50～80mL，或用0.1%高锰酸钾溶液洗胃，如不能洗胃时，可灌服500～1 000mL，从而排泄胃肠内容物。

2）青霉素80万～240万国际单位、链霉素50万～100万国际单位肌内注射，12h 1次，可对进入机体的肉毒梭菌产生作用。

3）为缓解呼吸困难，皮下注射盐酸山梗菜碱（盐酸洛贝林）0.05～0.1g。

4）当吞咽困难时，静脉注射50%葡萄糖50～100mL、含糖盐水250～500mL、25%维生素C 2～4mL、樟脑磺酸钠5～10mL。

198 什么是猪布鲁氏菌病？布鲁氏菌有何特性？

猪布鲁氏菌病又称传染性流产，是由猪布鲁氏菌引起母猪流产和不孕、公猪睾丸炎的一种慢性传染病，同时也是一种人畜共患病。

布鲁氏菌对外界抵抗力较弱，70℃下10min便可将其杀死，但对寒冷有较强的抵抗力，低温下可存活1个月左右。该菌对消毒剂很敏感，2%来苏儿3min之内可将其杀死。该菌在自然界的生存力取决于气温、湿度、酸碱度等因素，pH 7.0及低温下存活时间较长。病菌为革兰阴性短小球杆菌。

199 猪布鲁氏菌病的流行特点及传播途径有哪些？

【流行特点】　春、夏季节多发于羊种布鲁氏菌病，春季开始，夏季达到高峰，秋季下降；夏、秋季节牛种布鲁氏菌病发病率较高。各种年龄的猪都可感染，以性成熟猪易感性最大。母猪比公猪易感性高。

【传播途径】　患病的猪是严重传染源，流产母猪是最危险的传染源。猪子宫阴道排出的分泌物、胎衣、胎儿、母猪的乳汁和精液中存有大量的病原体。可通过生殖道、皮肤黏模和消化道传播，也可通过皮肤伤口、眼结膜或带菌吸血昆虫的咬刺感染本病。在生产中交配感染比较常见。

200 猪布鲁氏菌病的临床症状与病理变化有哪些？

【临床症状】 猪怀孕后 1～3 个月出现流产，流产前 2～3 天，母猪表现不安，阴道水肿，流出分泌物，流产的胎儿是死胎，快到产期流产的胎儿可能是弱胎，产后 1～2 天死亡，不死者，长期带菌，易死亡。流产后，胎盘常常滞留不下，长时间流出恶露，由于胎盘滞留而导致子宫及其附近器官出现急性和慢性炎症。见彩图3-91。

【病理变化】 病猪在皮下各处形成脓肿，流产胎儿皮下、肌肉间出血；胸腹腔内有纤维素性渗出物；胃、肠黏膜有出血点；胎衣水肿、充血出血，流产母猪子宫黏膜上有多个黄白色、芝麻大小的坏死结节。见彩图3-92。

201 猪布鲁氏菌病的防治措施有哪些？

（1）做好检疫工作 未发生过的地区，对引入的种猪做好检疫工作，隔离观察确定健康后方可并群。

（2）免疫接种 对受威胁地区进行免疫接种。可用布鲁氏菌猪型 2 号弱毒活疫苗注射，用无菌生理盐水稀释，大猪耳根皮下注射4mL，小猪皮下注射2mL，免疫期为 1 年。也可混入饲料口服。

每年春、秋两季对种猪群（公、母猪）各进行 1 次检疫，有条件的做凝集反应或变态反应，对健康猪进行布鲁氏菌猪型疫苗接种。

（3）严格消毒 对污染的猪舍、场地、用具、周围环境等用3%烧碱进行严格消毒。疫区的乳类、肉类及皮毛需严格消毒灭菌后才能外运。保护水源。

（4）隔离病猪 对病猪进行隔离，屠宰及无害化处理。流产胎儿、胎衣均须深埋。对粪尿进行堆积发酵处理，以达到净化的目的。

（5）药物治疗 肌内注射2.5%恩诺沙星注射液，每100kg 体重

10mL，每天 1 次，或用环丙沙星、乳酸诺氟沙星治疗。

202 什么是猪李氏杆菌病？李氏杆菌有何特性？

猪李氏杆菌病是由李氏杆菌引起各种畜禽、野生动物及人败血症和中枢神经系统机能障碍的一种传染病。

李氏杆菌对周围环境的抵抗力较强，在粪便、土壤、干草中能生存很长时间，对食盐和碱有耐受性，但对消毒药较敏感。各种消毒药均能杀灭该菌。

203 猪李氏杆菌病的流行特点及传播途径有哪些？

【流行特点】 该病主要发生于冬季和早春，呈散发或地方性流行。发病率不高，但病死率很高。

【传播途径】 各种家畜、家禽、野生动物及人类都有易感性，所以该病的传染源也较广泛，当病原体随病畜、带菌动物的分泌物和排泄物排出后，污染土壤、饲料及饮水，可经消化道、呼吸道及损伤的皮肤感染猪群，猪吃了带菌的鼠类或被鼠类污染的饲料及饮水，也可引发该病。

204 猪李氏杆菌病的临床症状及病理变化有哪些？

【临床症状】 本病症状可分为败血型、脑膜炎型和混合型几类，临床多见于混合型，病猪突然发病，如走路不稳，转圈，头颈后仰，前肢僵直，后驱麻痹，1～2 天内死亡。部分病例出现呼吸困难，表现为败血症症状，多见于仔猪。

成年猪多为慢性。表现为食欲不振，消瘦，贫血，行走不稳，肌肉颤抖，体温偏低，病程可拖延 2～3 周。孕猪发生流产，少数在身体各部位形成脓肿，多能痊愈，但成为带菌猪，是严重的传染源。

【病理变化】 死于神经症状的病猪，主要病变为脑及脑膜充血、水肿，脑脊液增加，稍浑浊，脑干松软，有小的化脓灶。死于败血症状的病猪，主要为肺充血、水肿，气管及支气管有出血性炎症，心内外膜出血，胃及小肠黏膜充血，肠系膜淋巴结肿大，肝有灰白色小坏死灶。

205 猪李氏杆菌病的实验室诊断方法有哪些？

可采取肝、脾、脑脊液及脑桥等病料，涂片，用革兰氏染色法染色，镜检发现有两端钝圆的革兰氏阳性小杆菌，散在或成对排列，有的排成"V"形或"Y"形，在排除猪丹毒的情况下可以确诊。仍有可疑时，可将上述病料做细菌分离培养和病理组织学检查。

206 猪李氏杆菌病的防治措施有哪些？

（1）**加强饲养管理**　平时注意驱除鼠类和其他啮齿动物，不要由疫区引进猪。发病后病猪应隔离治疗，消毒畜舍、环境。

（2）**搞好环境卫生**　正确处理粪便，消灭猪舍附近的鼠类，被污染的水源可用漂白粉消毒，防止感染其他疾病，及时驱除内外寄生虫，增强猪的抵抗力。病猪尸体一律深埋或用火焚烧。

（3）**注意人员防护**　人对李氏杆菌有易感性，凡与病猪接触的人员应注意个人防护。病死猪的肉及其他产品须经无害化处理后才可利用。并注意饮食卫生。

（4）**抗生素治疗**　盐酸金霉素粉每千克体重 20 ~ 50mg，分 2 次灌服；庆大霉素每千克体重 1 ~ 2mg，每天 2 次肌内注射；氨苄青霉素每千克体重 4 ~ 11mg，肌内注射。也可肌内注射庆增安注射液，用量为每千克体重 0.1mL。病猪高度兴奋不安时，可内服水合氯醛，每千克体重 1g，溶于水后用胃管投药。

（5）**中药治疗**　蔓荆子 25g、苍耳子 20g、柏子仁 25g、茯神 20g、野菊花 25g，水煎 1 剂，连用 3 剂。此为中等体重的猪的用量，大猪剂量加倍。

207 什么是猪狂犬病？猪狂犬病的临床症状有哪些？

猪狂犬病是由弹状病毒引起的一种兴奋和意识障碍，随继出现局部或全身麻痹而死亡的急性人畜共患传染病。又称恐水病或疯狗病。病死率很高。一般散养方式易发生该病。

【**临床症状**】　潜伏期 12 ~ 100 天，一般为 2 个月，表现为突然发病，对外界反应迟钝，行走如醉酒状，衰竭死亡。体温变化不大。

典型症状为不停撅地，横冲直撞，后卧地不起，空嚼、流涎，伴有阵发性肌肉痉挛，叫声嘶哑，有时攻击人畜，出现临床症状后 3 天内死亡。死率很高。

208 猪狂犬病是怎样感染的？病毒嗜好攻击哪些部位？

猪发生狂犬病主要是被患狂犬病的犬咬伤，或被狂暴期病犬啃咬过东西刺伤后间接感染发病。创伤的皮肤粘膜接触患病动物直接啃咬传播或接触患病动物的唾液、血液、尿、乳汁感染，还可经呼吸道和消化道感染。

该病毒主要分布于发病猪的中枢神经系统、组织、唾液腺和唾液中。在唾液腺和中枢神经系统组织细胞质内形成特征性狂犬病病毒包涵体，也称内基氏小体。所有温血动物（包括人），对该病都有易感性。

209 猪狂犬病的防治措施有哪些？

（1）加强猪群的管理 在狂犬病疫区，应加强狗、猫的管理，免疫注射控制狗、猫的狂犬病。加强猪群的管理，防止猪被患狂犬病的动物咬伤。发病后扑杀或销毁。

（2）中药治疗 黄连、黄芩、黄柏、栀子各 30g，赤芍、红花各 20g，桃仁连皮 30 粒，甘草 10g；加水煎，早晚各服 1 次。

（3）保证公共卫生 人患狂犬病大多是由于被患狂犬病动物咬伤而发生。潜伏期长短不一，短的几天，长者可达 1 年以上。病初表现头痛，全身无力、不愿行动，食欲不振、恶心和呕吐等现象，被咬伤的部位出现发热、痒、蚁走等感觉，不久出现心跳加快、呼吸困难、瞳孔散大、流泪、流涎、出汗、怕水，故名"恐水症"。在发病的间歇期中，表现恐惧和忧虑，有时出现狂躁不安，失去自我控制能力。一般在出现症状后 3～4 天因麻痹而死亡，病死率 100%。

人若被疑为狂犬病的动物咬伤后，应迅速用 20% 肥皂水冲洗伤口，并用 3% 碘酊处理伤口，立即注射抗狂犬病高免血清，同时进行预防接种狂犬病疫苗。

210 什么是猪钩端螺旋体病？病原有何特性？

猪钩端螺旋体病又称细螺旋病体，是由致病性钩端螺旋体引起猪短期发热、黄疸、出血、血红蛋白尿、流产、水肿、皮肤和黏膜坏死的自然疫源性传染病，也是一种人畜共患病。

该菌在沼泽、水塘、湿洼草地及淤泥中较多，可存活3周或更长时间。人、畜、禽都可感染，其中猪最易感染。但该菌对热、日光和干燥敏感，并且常用的消毒药就能将其迅速杀死。

211 猪钩端螺旋体病的流行特点及传播途径有哪些？

【流行特点】　猪钩端螺旋体病有明显的季节性，以夏、秋季节（6～9月）发病较多。各种年龄的猪都可发生，但以幼龄猪发病较多。

【传播途径】　患病动物主要经尿液排菌，严重污染水源和土壤，再经皮肤、黏膜感染，特别是损伤的皮肤感染率较高，也可经消化道感染，还可通过交配、人工授精、吸血昆虫传播。鼠类是钩端螺旋体储存者，可终生带菌。鼠类活动范围广，可大面积污染环境，当雨季到来或河水泛滥时造成本病流行。

212 猪钩端螺旋体病的临床症状有哪些？

【急性黄疸型】　少部分猪表现体温升高，食欲不振或不吃食，皮肤干燥，全身皮肤和黏膜发黄，出现浓茶色尿液或血尿，数小时内突然死亡，多发生于大猪和中猪。绝大多数猪临床症状不明显。见彩图3-93。

【亚急性和慢性型】　病初体温升高，吃食减少，精神不振，眼结膜发红；几天后，眼结膜由潮红变为发黄或苍白并有水肿；随继全身皮肤发黄甚至全身水肿，出现血红蛋白尿甚至血尿，便秘或腹泻，逐渐消瘦。病程由十几天到更长时间，恢复后猪生长发育缓慢。多发生于断奶后的小猪。

【流产型】　怀孕母猪发生流产，产死胎、木乃伊胎、弱胎。少数出现脑膜炎症状。

第三章　猪传染病的防治技术

213 猪钩端螺旋体病的病理变化及实验室诊断方法有哪些?

【病理变化】 急性病例的皮肤、皮下组织、黏膜黄染,心、肾、肠系膜、膀胱黏膜等处有出血现象。肾肿大、慢性的肾皮质部有散在的灰白色病灶。肝肿大、呈棕黄色,胆囊胀大。膀胱积有血红蛋白尿或褐色尿。皮肤坏死,皮下水肿。胸腔和心包有黄色积液。肺弥漫性出血,且与附红体混合感染。见彩图3-94。

【实验室诊断方法】 发病第一周内可取血液,第二周以后取尿液,有脑膜炎型症状者取脑脊液进行检查。

显微镜直接镜检。取抗凝血1 000r/min、离心10min,除去血细胞;血浆再以1 000r/min,离心40min,弃去上清液,取沉淀物暗视野显微镜检查。

214 猪钩端螺旋体病防治措施有哪些?

(1) 预防接种 接种钩端螺旋体多价苗,接种剂量为:15kg以下的猪5mL,15~40kg以上的猪8~10mL,皮下或肌内注射。

(2) 清除病原 清除带菌、排菌的各种动物,隔离治疗病猪,消灭鼠类等。

(3) 严格消毒 被污染的水源、污水、淤泥、牧地、饲料、场舍和用具等要严格消毒,常用的消毒剂为2%烧碱溶液或20%生石灰乳,污染的水源可用漂白粉。

(4) 药物治疗

1) 青霉素、链霉素混合肌内注射,每天2次,3~5天为1个疗程。对严重病例,可同时静脉注射葡萄糖、维生素C,配合使用强心利尿药物,可提高治愈率。

2) 土霉素或四环素肌内注射,每天1次,连用4~6天。拌料按每千克饲料0.75~1.5g,连喂5~7天。怀孕母猪产前饲喂可防止流产。

3) 中药治疗。龙胆草9g,柴胡6g,泽泻6g,车前子、木通、生地、枝子、黄芩各8g,当归3g;水煎服用。

215 什么是猪衣原体病？

猪衣原体病也叫鹦鹉热或鸟疫，是由鹦鹉热衣原体引起以高热、孕猪流产为特征的一种接触性传染病。该病发病急、传染快，哺乳仔猪死亡率极高。易与猪流行性感冒、猪链球菌病、猪附红细胞体病型相混淆。

216 猪衣原体病的类型、发病原因及流行特点有哪些？

【类型】 有肺炎、肠炎、结膜炎、脑炎和多发性关节炎感染等多种病型。

【发病原因】 本病的发生与卫生条件差、饲养密度过高、通风不良、潮湿阴冷、饲料营养不全、饮水不足等因素有关。主要通过消化道及呼吸道感染该病。

【流行特点】 猪衣原体病多为散发发生，或呈地方流行性。有的病程长达 15～20 天，病猪和潜伏感染的带菌猪是本病的主要传染源。野鼠和野鸟被感染后携带衣原体对猪场将构成威胁。不同年龄、不同品种的猪群均可感染发病，新生仔猪死亡率高；怀孕母猪多出现流产；产死胎、弱胎；种公猪也有发病，并出现死亡。发病数高达 50% 以上，造成较大的经济损失。

217 猪衣原体病的临床症状有哪些？

（1）流产 初产母猪发生流产。妊娠母猪感染后一般无其他异常变化，但在怀孕后期，突然发生流产、早产，产弱胎、死胎或木乃伊胎。有的全窝出现死胎；流产后流出恶臭分泌物，少数母猪多次配种不孕；足月产的仔猪中个别表现为体弱，吃乳困难，6～8 天内出现呼吸困难，腹泻，关节肿胀，衰竭死亡，治愈者生长发育缓慢。患病公猪睾丸肿大，热、痛明显。

（2）肠炎 本型多见于新生仔猪。主要表现为吃乳无力、拉黄痢、脱水严重，死亡率高。

（3）肺炎 本型多见于断奶前后的仔猪。患病猪体温升高至 40.5～41.0℃，个别高达 42℃，食欲下降或废绝；部分病猪出现咳

嗽，呼吸困难，呈腹式呼吸，流清涕或脓性分泌物。

（4）**结膜炎** 表现为流泪，结膜充血，眼角有较多的分泌物，有的角膜混浊。

（5）**脑炎** 患病猪出现神经症状，兴奋、尖叫、盲目冲撞或做转圈运动，倒地后四肢乱划，不久死亡。

（6）**多发性关节炎** 多见于架子猪。表现为关节肿大，出现瘸腿。

218 猪衣原体病的病理变化及实验室诊断方法有哪些？

【病理变化】 流产胎儿全身水肿。肺充血、有不同程度的出血点和出血斑，气管、支气管内有大量分泌物；肝肿大，呈土黄色，质地发软；脾淤血、肿大；心包积液呈淡黄红色，腹腔积液有絮状物；脑水肿、充血；淋巴结肿大。流产胎衣水肿、出血；母猪子宫内膜水肿、充血，有大小不一的坏死灶。公猪睾丸肿大变硬，输精管出血，阴茎水肿或出血。

【实验室诊断方法】 无菌采取流产胎儿和病死仔猪内脏（如肝、脾、淋巴结等），直接涂片、革兰氏染色呈阴性，但姬姆萨染色镜检，镜检发现有多个紫红色针尖大小疑似衣原体的原生颗粒。

采集病死猪的心包液、胸腔液接种 4 日龄鸡胚卵黄囊或腹腔接种 10g 左右的小鼠腹腔，2 天后剖杀小鼠，取内脏涂片可发现衣原体。

219 猪衣原体病的类症鉴别有哪些？

猪衣原体流产型要注意与猪细小病毒病、猪伪狂犬病、猪繁殖与呼吸综合征、猪瘟、猪乙型脑炎、猪弓形虫病等引起怀孕母猪流产的情况相鉴别。

要注意衣原体引起的仔猪腹泻与猪大肠杆菌病、猪传染性胃肠炎、猪轮状病毒感染、猪流行性腹泻、猪增生性肠炎等腹泻病的鉴别。同时要注意衣原体引起的猪多发性关节炎与猪丹毒、猪链球菌病、猪副嗜血杆菌病等的鉴别。见附表 A-5 ～ A-7。

220 猪衣原体病的防治措施有哪些?

（1）搞好免疫

1）公猪第一次肌内注射猪衣原体疫苗3mL，1周后再注射1次；怀孕母猪每间隔1周注射1次，共2次，每次肌内注射3mL。

2）空怀母猪配种前1个月和半个月各接种1次，每次肌内注射3mL。

3）仔猪于1个月和45日龄各接种1次，每次肌内注射2mL。

（2）搞好消毒 使用2%～5%来苏儿或2%氢氧化钠溶液等有效消毒剂进行严格消毒，保证工作区大门通道消毒、产房消毒、圈舍消毒、场区环境消毒的质量，以有效控制发生衣原体接触传染的机会。粪便等污染物要及时清除或进行高温或堆积发酵消毒处理。加强产房卫生工作，以防新生仔猪感染本病。禁止无关人员出入。

（3）隔离病猪 对流产猪及早隔离，对流产胎儿、死胎、胎衣及排泄物、垫草等要集中无害化处理，同时进行严格消毒，1次/天，连续消毒1周。

（4）紧急接种 对未发病的猪用猪衣原体灭活苗紧急免疫接种。

（5）谨慎引种 引入种猪时，必须对原供种场疫情流行情况进行详细调查，杜绝病原随引种传入。种猪引进场后，严格执行检疫制度，经检疫和隔离饲养无传染病者，方可进入该进的猪舍或与本场猪合群饲养。

（6）密闭饲养 猫、野鼠、狗、野鸟、家禽、牛、羊等都是衣原体宿主，采用封闭饲养可有效防止以上动物携带的疫源性衣原体侵入舍内感染猪群。

（7）料中拌药

1）对尚未发病的猪，按预防量每吨饲料加入四环素原粉500～600g搅拌均匀饲喂，连用2周。

2）对发病较轻有一定食欲的猪，按治疗量每吨配合料加入四环素原粉1 000～1 200g拌匀饲喂，连用4周。

3）对发病较重、食欲废绝的猪，采用肌内注射四环素，每千克体重10mg，1次/天，连续用药7天。或盐酸四环素（或乳酸红霉

素）溶解后加5% GS 液稀释后静脉注射，1天2次。

4）对出现临床症状的新生仔猪，可肌内注射1% 土霉素，用量为每千克体重1mg，连续治疗5~7天；对怀孕母猪在产前2~3周，可注射四环素族抗生素，以预防新生仔猪感染本病。

静脉注射安溴注射液 10~20mL，或内服巴比妥 0.1~0.5g，或静脉注射 10% 水合氯醛 5~10mL。

（8）中药治疗 生石膏、板蓝根各 120g，大青叶 60g，生地、连翘、紫草各 30g，黄芩 18g；水煎后一次灌服，小猪分2次内服。

221 什么是猪巨细胞病毒病？猪巨细胞病毒病的传播途径有哪些？

猪巨细胞病毒病（CMV）亦称巨细胞包涵体病，由于感染的细胞肿大，并具有巨大的核内包涵体，所以为巨细胞病毒病。

【传播途径】 主要通过上呼吸道传播和排毒，在排毒期抗体水平下降，在感染6周后抗体开始上升；能够通过胎盘垂直传播，尿液、眼分泌物也是主要传播源；在空气中自然传播 0.3~30km；阴雨、潮湿、有风的条件下，有利于病毒的传播。

222 猪巨细胞病毒病的临床症状及病理变化有哪些？

【临床症状】 猪感染后10天开始发热，食欲下降，食欲废绝后粪便仍基本正常。皮肤早期正常后充血继而发绀；眼症状明显，眼睑水肿，严重的出现结膜炎，有明显的泪斑；鼻炎症状严重，流浆液性、黏液性和脓性鼻液甚至鼻孔结痂；怀孕猪早期流产，有的产出木乃伊胎；神经症状明显。见彩图3-95和彩图3-96。

【病理变化】 三大特征：多组织器官水肿，肝脏白斑状坏死，脾脏肿胀、卷曲。

青年猪肉眼可见显著病变是遍布全身的淤斑；心脏、肺脏、结肠系膜、肠壁、肠系膜、淋巴结等处水肿；胸腹腔中可见清凉透明渗出液；喉头及跗关节周围皮下水肿明显；肾包膜下水肿，外观呈斑点状或完全发紫发黑；胃呈卡他性炎症或者溃疡，呕吐。见彩图3-97~彩图3-102。

223 猪巨细胞病毒病的防治措施有哪些?

1）速亿康 + 头孢类 + 功能激活素肌内注射，或蜂胶大败毒肌内注射，每天 1 次，连用 3 天。

2）在饮水中添加维生素 C + 电解多维，连饮 5 天。出现食欲后用合生元、肝肾康拌料，连用 3～5 天。

224 在用药方面及使用疫苗方面应注意哪些问题?

【用药注意事项】

1）不要乱打针，特别是磺胺类药物、氨基糖苷类药物等。有可能打针死得更多、更快。

2）不要使用大量退烧药（如氨基比林、安乃近、地米等），这些药物仅治标，不治本，还会导致肺门静脉水肿，加重病情。

3）猪发病后食欲减退或废绝，尽量使用饮水用药，以控制继发感染。

4）对混合感染病例的处理，要联合用药，但要注意药物禁忌。

【使用疫苗注意事项】

1）按照疫苗保存条件进行储存和运输。

2）必须使用经国家批准生产或已注册的疫苗，并做好疫苗管理。

3）免疫接种时应按照疫苗产品说明书进行规范操作，并对废弃物进行无害化处理。

4）免疫过程中要做好各项消毒，同时要做到"一猪一针头"，防止交叉感染。

5）经免疫监测，免疫抗体合格率达不到规定要求时，尽快实施 1 次加强免疫。

6）当发生动物疫情时，应对受威胁的猪进行紧急免疫。

7）建立完整的免疫档案。

第三章 猪传染病的防治技术

第四章

猪寄生虫病的防治技术

225 什么时间驱除猪体内、外寄生虫效果好？驱虫药物有哪些？

【驱除时间】 对于体内寄生虫，如蛔虫、肺丝虫等，商品猪一个肥育期一般驱虫 2 次，第一次通常在 60~90 日龄，必要时在120~135 日龄再进行第二次驱虫。对于体外寄生虫，如疥癣、虱子等，要随时观察猪耳内、大腿内侧等部位。若猪有体外寄生虫，会出现站立不安，在猪栏舍内到处乱蹭，影响吃食和休息，表现为机体消瘦，被毛乱，贫血，生长速度下降，有的成为僵猪。

⚠️ 【注意】 驱虫后及时清除粪便，堆积发酵，以杀灭虫卵；圈舍要冲洗干净、消毒，否则会再次感染，起不到驱虫应有的效果。

【驱虫药物】 包括左咪唑、噻咪唑、噻苯咪唑、丙硫苯咪唑、氟苯咪唑、甲苯咪唑、伊维菌素、多拉菌素、阿维菌素、敌百虫等。

226 什么是猪蛔虫病？

猪蛔虫病是由猪蛔虫寄生于猪的小肠内引起的一种多发线虫病。猪蛔虫病是猪场最为常见的寄生虫病，会造成仔猪的生长发育不良，生长比同样饲养情况下的健康猪迟缓。当蛔虫进入胆囊、胆管，可造成猪的死亡。猪蛔虫病是造成严重经济损失的疾病之一。

227 猪蛔虫有何特征？猪蛔虫病的流行特点有哪些？

【虫体特征】 猪蛔虫虫体呈中间稍粗、两端较细的圆柱形。雄虫体长 15~20cm，宽约 0.3cm，尾端向腹面弯曲，形似鱼钩；雌虫长 20~40cm，宽约 0.5cm，虫体较直，尾端稍钝，见彩图 4-1。

【流行特点】 1~4 月龄的幼猪感染严重，生长发育缓慢、机体消瘦，严重的出现死亡。该病死亡率不太高，但可降低猪的饲料报酬，增加饲养成本，使养猪的经济效益下降，给养猪场（户）带来严重的损失，是不可忽视的寄生虫病之一。

228 猪蛔虫的致病特点是什么？

（1）雌虫有很强的繁殖力 每条雌虫每天平均可产卵 10 万~20 万个，产卵旺盛时期每天可达 100 万~200 万个，1 条雌虫一生可产卵 3 000 万多个。

（2）虫卵有较强的抵抗力

1）猪蛔虫卵有 4 层卵膜，内膜能保护胚胎不受外界各种化学物质的侵蚀；中间两层膜有隔水作用，能保持内部湿润不受外部干燥环境的影响；外层膜有阻止紫外线穿透的作用，对外界各种不良环境因素有强大的抵抗力。虫卵的全部发育过程都在卵壳内进行，这样就保证了胚胎和幼虫的正常生长发育。

2）猪蛔虫卵一般在疏松湿润的土中可以生存 3~5 年；蛔虫卵对各种化学药品也有很强的抵抗力。在 2% 福尔马林中，虫卵可以正常发育；虫卵对硫酸溶液、硝酸溶液和氢氧化钠溶液也有很强的抵抗力。一般必须用 3%~5% 热碱水、20%~30% 热草木灰水或新鲜石灰才能杀死蛔虫卵。

（3）猪蛔虫病的流行与饲养管理和环境卫生有紧密的关系 在饲养管理不善、卫生条件差和猪密度大的猪舍易发生猪蛔虫病；3~5 月龄的仔猪最容易大批感染蛔虫，症状也较严重，常造成死亡。

（4）猪感染蛔虫的途径很多 猪感染蛔虫一是由于采食了被感染性虫卵污染的饲料（包括生喂的青绿饲料）和饮水；二是放牧时在野外感染；三是母猪的乳房容易沾染虫卵，使仔猪在吸奶时感染。

（5）不受中间宿主限制 猪蛔虫属土源性寄生虫，可直接感染，不需要中间宿主的参与，因而不受中间宿主限制。

229 猪蛔虫的幼虫在体内移行时对哪些器官造成损害？
成虫有哪些致病作用？

【对器官的损害】 幼虫在体内移行时，对肝脏和肺脏的损害较大。幼虫由肺毛细血管进入肺泡时，使血管破裂，造成点状出血。感染严重时会引起整个肺的出血性炎症（蛔虫性肺炎），表现为咳喘、机体消瘦，持续1~2周；当仔猪严重消瘦，特别是饲料中缺乏维生素A时，可引起死亡。

【成虫的致病作用】 当幼虫发育到成虫时，致病作用相对减弱。但虫体数量多时，可因虫体夺取机体营养、机械性刺激、阻塞某些器官（阻塞肠管、钻入胆管）及吸收有毒物质等而造成严重危害，也能引起猪大批死亡。

230 猪蛔虫病的临床症状及病理变化有哪些？

【临床症状】 1~4月龄患病幼猪症状明显，主要表现为咳嗽、呼吸加快、食欲下降或不食、消瘦、生长缓慢、贫血、磨牙，甚至变为僵猪或有全身性黄疸，见彩图4-2。当虫体移行到不同的部位，会出现不同的症状。

（1）**肺脏** 当大量幼虫移行至肺脏时，会引起蛔虫性肺炎，表现为咳嗽、呼吸加快，食欲减退或不食，卧地不起。

（2）**肝脏** 如果蛔虫钻入胆管，则引起阻塞性黄疸。成年猪感染无明显症状，但可使机体抵抗力下降。

（3）**小肠** 成虫寄生于小肠时，使仔猪发育不良、消瘦、贫血、被毛粗乱，易形成僵猪，肠内有大量成虫时，病猪表现为疝痛，可引起肠阻塞、肠破裂而死亡。

【病理变化】 主要是肠、肝、肺病变明显，发病初期有肺炎病变，肺脏表面有出血斑点；肝、肺脏和支气管等处可发现大量幼虫（用幼虫分离法处理后）。成虫大量寄生时，可见有卡他性炎症、出血或溃疡。当肠管破裂时，可见有腹膜炎和腹腔内出血。蛔虫钻入胆管，使胆管阻塞死亡的猪有化脓性胆管炎或胆管破裂、胆汁外流、胆囊内胆汁减少、肝脏黄染和变硬等病变。

231 猪蛔虫病的实验室诊断方法有哪些？

剖检时，发现小肠中有大量虫体；患病猪肺部可见有大量出血点，结合生前症状、流行病学，以及有否其他原发或继发的疾病等进行综合考虑判断。将肺脏组织研碎，用幼虫分离法检查时，可见大量的蛔虫幼虫。幼虫寄生期可用血清学方法或剖检的方法进行诊断。目前已研制出特异性强的 ELISA 检测法；用贝尔曼法或凝胶法分离肝、肺脏或小肠内的幼虫也可确诊。

232 猪蛔虫病的防治措施有哪些？

（1）加强饲养管理，搞好卫生 喂全价饲料，保证猪舍通风良好、阳光充足，避免潮湿、拥挤。猪圈舍内和运动场要勤打扫，勤冲洗，定期进行卫生消毒，严防饲料、饮水、食具被粪便污染。

（2）定期按计划进行驱虫 每年春、秋季进行 2 次全场驱虫，3～6 月龄的猪应驱虫 2～3 次。

（3）采取"全进全出"方式 采取"全进全出"方式，避免大小猪混养。

（4）猪粪要作无害化处理 猪的粪便清除出圈后，要运到离猪舍较远的场地堆积发酵，或者挖坑沤肥，以杀灭虫卵。

（5）母猪产前消毒 对于临产母猪，要彻底清洗母猪体表，产房要进行严格消毒。

（6）药物治疗

1）左咪唑。每千克体重 10mg，或丙硫苯咪唑，每千克体重 10～20mg 混入饲料或饮水中给药，隔 20 天再用药 1 次；15% 左咪唑擦剂每 10kg 体重用药 1mL，涂擦在猪耳背及耳根后部。

2）伊维菌素或阿维菌素。每千克体重 300μg，一次颈部皮下注射或口服，均能取得良好的效果。

3）精制敌百虫。每千克体重 100mg，一次混料喂服。

4）氟苯咪唑。每千克体重 30mg，混料喂服，连用 5 天。

⚠ **【注意】** 驱虫后要及时打扫粪便，堆积发酵后再使用。

233 什么是猪肺丝虫病？肺丝虫的形态有何特点？猪肺丝虫病的流行特点有哪些？

猪肺丝虫病是由后圆线虫寄生于猪支气管及肺脏所引起的一种常见寄生虫病。猪肺丝虫成虫呈长细线状，白色或灰白色，雄虫长12～16mm，雌虫长 20～58mm。

一般多发于温暖多雨的夏、秋季节，主要侵害小猪，呈地方性流行。发病猪死亡较多。

234 猪肺丝虫病的临床症状有哪些？

当轻微感染此病时，无症状表现或表现轻微症状。一般体温不高。患病时间较长后，表现为阵发性咳嗽，呼吸加快，鼻流脓性黄色黏液，眼结膜苍白，食欲不振、机体消瘦等。当严重感染时症状表现明显，猪体消瘦，被毛干燥、乱、无光泽，发育不良、贫血。有的猪因虫体阻塞气管而导致窒息死亡。

235 猪肺丝虫病的病理变化、实验室诊断方法及类症鉴别有哪些？

【病理变化】 剖检可见细支气管和支气管的炎症，小叶性肺炎、肺气肿及肺实质结缔组织增生性结节。大量虫体在肺的膈叶后缘，形成灰白色微突起的病灶，在该部位的细小支气管内可找到虫体。

【实验室诊断方法】 可用饱和硫酸镁溶液或硫代硫酸钠漂浮法，检测粪便中的虫卵。当肉眼看出虫卵呈黄白色或白色，椭圆形，大小为（51～62）μm×（34～42）μm，结合临床症状可诊断为该病。

【类症鉴别】

（1）猪肺丝虫病与猪气喘病的鉴别 猪患气喘病时也有咳嗽症状，但眼结膜发绀，剖检肺脏呈两侧对称的肉样变（实变）。猪患肺丝虫病时肺的膈叶后缘形成灰白色微突起的病灶。

（2）猪肺丝虫病与猪蛔虫病的鉴别 猪患蛔虫病虽咳嗽，但有呕吐下痢的症状。

236 猪肺丝虫病的防治措施有哪些？

（1）预防性驱虫 进行定期的预防性驱虫，小猪在出生后 2~3 个月时应及时驱虫 1 次，以后每隔 2 个月驱虫 1 次，以消灭病原，杜绝虫卵传播。

（2）消灭蚯蚓 在本病流行地区，可用 3% 来苏儿溶液和石炭酸液喷洒于猪舍及周围环境，以消灭猪舍附近的蚯蚓。

⚠ **【注意】** 驱虫后，粪便应堆积发酵后再使用。

（3）药物治疗

1）伊维菌素。每千克体重 0.3mg，皮下或肌内一次性注射，有效率高达 95%。

2）左咪唑。每千克体重 10mg，一次性口服。对于肺炎比较严重的，应在驱虫的同时，注射青霉素、链霉素 3 天，有助于改善猪肺部状况。

3）用丙硫苯咪唑每千克体重 10~20mg，或左咪唑按每千克体重 8~15mg，一次性拌料喂服。

4）噻咪唑。每千克体重 20mg，一次喂服。

5）百部 24~60g。煎汁一次灌服，每天 1 剂，连用 2~3 剂。

237 什么是猪弓形虫病？猪弓形虫病的临床症状有哪些？

猪弓形虫病是由刚第弓形虫引起的一种原虫病。弓形虫是一种细胞内寄生虫，大多寄生于网状内皮系统和中枢神经系统，虫体侵入细胞后进行增殖，导致细胞破裂，引起组织炎症、水肿。如果机体产生了免疫力，虫体的繁殖受到控制并形成包囊，则成为慢性感染。

【临床症状】 该病主要表现为体温升高到 40~42℃，咳嗽、呼吸困难，食欲不振或不食，反应迟钝，肌肉僵硬，眼结膜充血，身体下部或耳部有大面积的淤血斑或发绀，皮肤发红。粪便干燥带有黏液；后期鼻镜干燥或流鼻液，口流白沫，全身震颤，走路不稳，出现麻痹，体温下降明显而死亡。见彩图 4-3 和彩图 4-4。

部分哺乳仔猪出现水样腹泻，无恶臭，呼吸困难，常为腹式呼吸，呼吸次数每分钟约 60~80 次。

妊娠母猪出现流产、早产或产死胎，仔猪成活率较低。耐过的病猪，症状逐渐减轻，但往往有后遗症，如生长不良而形成僵猪或产生后躯麻痹、运动障碍、斜颈、癫痫样痉挛等症状，并会长期带虫。

238 猪弓形虫病的病理变化有哪些？

1）肺脏肿大，主要是肺脏高度水肿，呈暗红色，有针尖至粟粒大小的出血点和灰白色坏死灶，切面流出多量带泡沫的液体，气管和支气管内含有大量泡沫。

2）全身淋巴随样肿胀呈灰白色，有粟粒大小的灰白色或黄色坏死灶。

3）肝脏及脾脏点状出血，呈红色，有针尖大小的坏死点和出血点。

4）肾脏有坏死灶和出血点。

5）肠系膜淋巴结肿胀，盲肠和结肠表面有少量散在点状或块状溃疡；淋巴滤泡肿大或有坏死。

6）胸腹腔液增多，渗出液浑浊，甚至呈血水样。

239 猪弓形虫病的实验室诊断方法有哪些？

（1）血清学诊断法 染色试验（DT）法是检查弓形虫特有的血清学诊断方法，因特异性较高被认为是标准的诊断方法。该试验的原理为新鲜的弓形虫容易被美蓝染色，当加入含有辅助因子（AF）的新鲜正常人血清时，促使抗体与细胞质发生作用而引起细胞质变性，变性的虫体细胞质不能被碱性美蓝着色。利用这种现象可间接地测定感染弓形虫后体内抗体的含量，以此作为本病的生前诊断。通常猪感染弓形虫后 3~5 天猪体抗体滴度就会升高。

（2）病原检查

1）涂片检查：可将肝、肺、淋巴结等组织做涂片检查，其中以肺脏的涂片效果较好，因背景清晰，检出率较高，也可以将淋巴结研碎后加生理盐水过滤，取离心后的沉淀渣做涂片染色后进行显微镜检查。涂片标本自然干燥后，用甲醇固定，通过姬氏或瑞氏染色进行虫体检查。

2）动物接种：家兔或小鼠等实验动物对弓形虫敏感性较高。可取病猪的肝、肺、淋巴结等组织研碎后，加 10 倍生理盐水，每毫升加青霉素 1 000 国际单位和链霉素 100mg，在室温下放置 1h，用来接种。在使用前振荡，待沉淀后，取上清液接种于小鼠的腹腔，每只接种 0.5 ~ 1.0mL。接种后进行细致观察，20 天后，若小鼠出现被毛粗乱、呼吸急促等症状或死亡，取腹腔液或脏器做涂片染色镜检。初代接种的小鼠可能不发病，可采用被接种小鼠的肝、淋巴结等组织按上述方法制成乳剂接种 3 代，从病鼠腹腔液中会发现大量虫体。若未发现虫体则为阴性。

240 怎样鉴别猪瘟、猪丹毒和猪弓形虫病？

3 种病的症状有相似之处，其中猪瘟、猪丹毒只传染猪，而猪弓形虫病可以感染多种动物，病理变化各不相同。

1）猪瘟：患病猪表现为全身弥漫性出血或有出血点；公猪包皮积尿；妊娠母猪也会出现流产、早产或产死胎。剖检可见脾脏肿大，边缘有梗死灶；肾脏出血（麻雀卵），回肠、盲肠溃疡，呈纽扣状。

2）猪丹毒：患病猪皮肤发红有不同形式的斑块。剖检可见淋巴结切面多汁，呈灰白色。取病料染色涂片显微镜检查，可见革兰氏阳性小杆菌。

3）猪弓形虫病：见问 238。

241 猪弓形虫病的防治措施有哪些？

1）圈舍要勤打扫，保持清洁，可以用 55℃ 以上的热水及 0.5% 氨水冲洗，定期消毒，以杀灭卵囊。

2）消灭老鼠，加强家猫的饲养管理，防止猫及其排泄物污染畜舍、饲料和饮水等，饲养员也要避免与猫接触，因为猫是该虫的唯一终末宿主。

3）屠宰后的废弃物不可直接用来做动物的饲料（必要时可先煮熟后再加以利用）。

4）流产的胎儿及其一切排泄物，包括母猪流产圈舍均需严格处理；对死于本病的病畜尸体也应严格按要求处理，防止污染周围

环境。

5）病猪隔离治疗，治愈的病猪不能作为种猪使用，有条件的猪场要定期做血清学检查，淘汰病猪和阳性猪。

6）用吡嗪磺每千克体重50mg、甲氯氨嘧啶每千克体重14mg，每天1次，连用3天。

7）磺胺六甲氧嘧啶钠，每千克体重0.03~0.07g，24h 1次，肌内注射3~5天。

8）磺胺-6-甲氧嘧啶，以每千克体重60~80mg的剂量单独口服或配合甲氧苄啶每千克体重14mg的剂量口服，每天1次，连用4次，首次量加倍。这样不仅可以迅速改善临床症状，还能够有效地阻抑速殖子在体内形成包囊。

9）磺胺嘧啶+磺胺增效剂，前者按70mg/kg体重，后者按14mg/kg体重口服，每天2次，连用3~4天。还可选用磺胺二甲基嘧啶或磺胺甲基嘧啶或磺胺噻唑，按每千克体重140mg静脉或肌内注射，每天2次，连用2~3天，剂量减半后再连用2~3天。

242 什么是猪囊虫病？囊尾蚴的形态有何特点？

猪囊虫病（猪囊尾蚴病）是囊尾蚴寄生于猪的肌肉中所引起的一种猪与人之间循环感染的人畜共患寄生虫病。人们通常称患囊虫病的猪肉为豆猪肉、米猪肉。

成熟的猪囊尾蚴为半透明空泡，外形椭圆，约黄豆大小，囊内充满液体，壁上有一个圆形粟粒大小的乳白色小结节，大小为 (6~10)mm×5mm。

243 猪囊虫病的流行特点及致病作用有哪些？

【流行特点】 无明显的季节性，但在适合虫卵生存、发育的温暖季节发病呈上升趋势，多为散发性。在自然条件下，猪是易感动物，囊尾蚴可在猪体内存活3~5年。野猪、犬、猫也可感染，人虽然可作为中间宿主，但其感染常常是致命感染。

【致病作用】 随囊尾蚴寄生的数目和部位不同，病情有较大差异。成熟囊尾蚴的致病作用取决于寄生的部位。如果寄生在脑部，可引起严重的神经扰乱，癫痫，视觉障碍和急性脑炎，脑部病变发展严重时可导致患畜死亡；如果寄生在眼内，造成视力障碍，甚至失明；如果寄生在肌肉与皮下，一般无明显症状，感染极严重的猪会营养不良，贫血，水肿，发音嘶哑和呼吸困难，衰竭。

244 猪囊虫病的临床症状及病理变化有哪些？

【临床症状】 患病猪常表现为营养不良，生长发育受阻，被毛长而粗乱，贫血，可视黏膜苍白，不同部位的肌肉水肿，两肩显著外展，臀部异常肥胖宽阔，头部呈大胖脸形或前胸、后躯及四肢异常肥大，体中部窄细，整个猪体从背面观察呈哑铃状或葫芦形，从前面看像狮子头形。病猪走路僵硬，不灵活，左右摇摆，反应迟钝。患病猪睡觉时，外观其咬肌和肩胛肌皮肤常表现有节奏性的颤动，熟睡后常打呼噜，深夜或清晨表现得最为明显。患病猪眼球外凸、饱满，用手指挤压猪的眼眶窝皮肤可感觉到眼结膜深处有似米粒大小、游离的硬结；翻开猪的眼睑可见眼结膜充血，并有分布不均的米粒状白色透明的隆起物。

【病理变化】 严重感染某个器官时，可见病猪营养不良，生长迟缓，贫血和水肿，检查舌、眼、肺、脾、脑等部位，以及淋巴结均有囊尾蚴存在。严重感染的猪肉，呈苍白色而湿润；除在各部分肌肉中可发现囊尾蚴外，也可在脑、眼、肝、脾、肺甚至淋巴结与脂肪内找到；初期囊尾蚴外部有细胞浸润现象，继而发生纤维性病变，约半年后囊尾蚴死亡并逐渐钙化。

245 猪囊虫病的诊断方法有哪些？

一听：病猪呼吸音粗厉，伴有呼噜音，声音嘶哑，是由于囊尾蚴寄生于声带引起的。

二看：宽膀尖屁股，走路前肢僵硬，后肢不灵活，左右摇摆似醉酒样，不爱活动，反应迟缓，是由于囊尾蚴寄生于肩胛外侧肌、深腰肌引起的。如果出现咀嚼困难，吞咽困难，是由于囊尾蚴寄生于舌肌引起的。如果眼球稍突出，视力模糊，甚至失明，是由于囊尾蚴寄生于眼球内引起的。如果囊尾蚴寄生在大脑可引起猪痉挛、

突然死亡。

三查：检查舌下、眼结膜有无囊尾蚴。触诊户胛部、颊部、股内侧肌的肌肉是否比正常肌肉僵硬，手滑动触摸往往有颗粒硬结的感觉。

246 猪囊虫病的诊断要点及类症鉴别有哪些？

【诊断要点】 在肌肉中，特别是在心肌、咬肌、舌肌及四肢肌肉中发现囊尾蚴，即可确诊，尤其在前臂外侧肌肉群中的检出率最高。

【类症鉴别】

（1）**猪囊虫病与猪姜片吸虫病的鉴别** 对患姜片吸虫病的猪粪便检查有虫卵，剖检小肠上端有弥漫性出血点和坏死灶，并有虫体。

（2）**猪囊虫病与猪旋毛虫病的鉴别** 患旋毛虫病的猪前期有腹泻、呕吐，后期体温升高，触摸肌肉有痛感，剖检肉眼可见有针尖大小的旋毛虫包囊。

247 猪囊虫病的防治措施有哪些？

【预防措施】 目前在某些地区需开展群众性防治活动。具体措施如下：

1）搞好城乡肉品卫生检验工作，严格按国家有关规程处理有病猪肉，严禁未经检验的猪肉供应市场或自行处理。积极普查猪囊虫病患猪。

2）改变饮食习惯，不吃生的或未煮熟的猪肉，不使用同一刀和菜板切生肉和熟肉。

3）做到人有厕所猪有圈，不使用连厕圈。

4）对患病猪进行驱虫治疗。

5）粪便及时清除，并进行堆积发酵处理。

【治疗措施】

1）吡喹酮。每千克体重30~60mg，用药3次，每次间隔24~48h。

2）丙硫苯咪唑。每千克体重30mg，用药3次，每次间隔24~48h，早晨空腹服药。氟苯咪唑也是有效药物。

3）硫双二氧酚。每千克体重 80～100mg，内服。

248 什么是猪疥螨病？疥螨有何特征？猪疥螨病的传播途径及流行特点有哪些？

猪疥螨病俗称疥癣、癞，是一种由很小的节肢动物引起的一种慢性皮肤病，本病为接触传染，分布广泛，能引起猪剧痒及皮炎。

【虫体特征】 虫体很小，呈淡黄色龟状，长 0.2～0.5mm，宽 0.16～0.35mm，背面隆起腹面扁平，腹面有 4 对短粗的圆锥形的肢，虫体前端有一钝圆形口器。头、胸、腹融合为一体。寄生于皮肤表皮深层，在其内挖掘隧道并发育、繁殖，完成卵、幼虫、若虫到成虫的发育过程，虫体离开畜体后，可以存活 3 周左右。

【传播途径】 主要是通过病猪与健猪的直接接触，或通过被疥癣虫或其卵污染的圈舍、垫草和用具等间接接触而引起感染。

【流行特点】 秋、冬季节，特别是阴雨天气，本病蔓延最快。幼猪有成堆躺卧的习惯，这是造成本病迅速传播的重要因素之一。

249 猪疥癣病的临床症状、实验室诊断方法及类症鉴别有哪些？

【临床症状】 患病猪主要表现为剧痒及皮炎，通常由头部开始，常发生在眼圈、颊部及耳等部位，有时蔓延到腹部和四肢；常在圈墙、栏柱等处摩擦，使患部出血，并形成痂皮；患部被毛脱落，皮肤增厚，形成皱褶或龟裂。病猪终日摩擦患部，烦躁不安，食欲减退，营养不良，日渐消瘦，甚至死亡。

【实验室诊断方法】 取患部痂皮，放在黑纸上，几分钟后可见白色虫体移动，便可确诊。或将病料装入试管内，加入 10% 氢氧化钠溶液煮沸。待痂皮溶解 20～30min 后除去管底沉渣，取上清液滴于载玻片，在显微镜下观测。阳性者，可确诊患病。

【类症鉴别】

（1）猪疥癣病与猪湿疹的鉴别 猪患湿疹时先出现红斑，稍微肿后出现豌豆大小的丘疹，水疱破损后出现鲜红溃疡面。刮取破溃处检测，不见螨虫。

（2）猪疥癣病与猪真菌皮肤病的鉴别 猪患真菌皮肤病时多发生于头、颈、肩部，有痂皮覆盖，不脱毛。取患部镜检有菌丝或孢子存在。

250 猪疥癣病的防治措施有哪些？

（1）加强管理 预防本病要经常保持猪舍清洁卫生，通风干燥，阳光充足。对圈栏、饲槽定期消毒，引进的猪必须隔离观察 15 天，确定无螨病方可合群。

（2）隔离治疗病猪

1）用伊维菌素或阿维菌素每千克体重 0.3mL，一次皮下注射。隔 7～10 天后重复 1 次。同时可驱除猪体内的各种线虫。

2）用 1% 敌百虫水溶液洗擦患部，或喷淋。7～10 天后再重复 1 次。

3）用 0.5% 螨净（嘧啶基硫代磷酸盐）乳剂，刮去鳞片后涂擦患部，7～10 天后再重复 1 次。

4）用 0.005% 倍特（溴氰菊酯）溶液，刮去鳞片后涂擦患部，7～10 天后再重复 1 次。

5）用 0.05% 双甲脒（特敌克）溶液，刮去鳞片后涂擦患部，7～10 天后再重复 1 次。

6）用烟叶或烟梗 1 份加水 20 份，浸泡 24h，再煮 1h 后涂擦患部，7～10 天后再重复 1 次；或用硫黄 30g、大枫子 9g、蛇床子 12g、木鳖子 9g、花椒 25g、五倍子 15g、麻油 200mL（后加），研末后加入麻油调匀涂患处至愈；或用硫黄 15g、川椒 15g、大麻油 125mL，调匀涂擦患部至愈。

7）赛巴安浇泼剂含有效成分辛硫磷，用时沿猪背中线从头至尾淋下，用量为 8～20mL，对螨及虱均有良效。但注意治疗前要用热肥皂水清洗患部皮肤并刮去鳞片。

251 什么是猪旋毛虫病？旋毛虫的特征、寄生部位和传播途径有哪些？

猪旋毛虫病是由旋毛虫成虫寄生于猪的小肠，幼虫寄生于横纹肌而引起的人畜共患病。

【虫体特征】 成虫细小，雌雄异体（雄虫长1.4～1.6mm、雌虫长3～4mm）。前部较细为食道部，食道的前部无食道腺围绕，其后部均由一列相连的食道腺细胞所包裹；后部较粗包含着肠管和生殖器官。雌雄虫的生殖器官均为单管型。尾端有泄殖孔，其外侧为一对呈耳状悬垂的交配叶，内侧有2对小乳突；无交合刺。雌虫阴门位于虫体前部（食道部）的腹面中央。

⚠ 【注意】 该病是人畜共患的重要寄生虫病，人感染可引起死亡。有吃生猪肉或未煮熟猪肉的习惯的人，易感染该病。该病在公共卫生上极为重要，各地肉品需要加强对该病的检验。

【寄生部位】 旋毛虫正常寄生于人、猪及鼠类体内，主要是在肉食动物和杂食动物中寄生和传播。

【传播途径】 猪吞食含旋毛虫包囊的肉、屑、洗肉泔水或鼠类而感染，肉中的包囊幼虫进入猪消化道，发育为肠旋毛虫，雌虫钻入肠腺或黏膜下淋巴结间隙中产出幼虫，并随淋巴液到心脏，经血流散布全身，但只有进入横纹肌才能进一步发育，形成肌旋毛虫。

252 猪旋毛虫病的临床症状及实验室诊断方法有哪些？

【临床症状】 肠旋毛虫影响较小，严重感染的猪表现为体温升高，下痢，便血、疝痛、瘙痒；当进入肌旋毛虫病阶段时，猪表现为疼痛和发热，行动困难，卧地不起，类似风湿，眼睑水肿，咀嚼吞咽困难，声音嘶哑，牙关紧闭，四肢水肿而死亡，耐过猪成为长期带虫者。

【实验室诊断方法】 死后诊断主要靠肌肉压片检查。从猪的左右膈肌脚切小块肉样，撕去肌膜与脂肪，先观察有无可疑的旋毛虫病灶；未钙化的包囊呈露滴状，半透明，细针尖大小，较肌肉的色泽淡。然后从肉样的不同部位剪取24个小肉粒（麦粒大小），压片镜检或用旋毛虫投影器检查。如果发现有旋毛虫包囊及虫体，即可确诊。

第四章 猪寄生虫病的防治技术

253 猪旋毛虫病的防治措施有哪些？

（1）加强饲养管理　控制啮齿动物，防止与野生动物尸体接触。

（2）消灭鼠类　猪场应注意防鼠。防止猪吞食死亡的老鼠等动物尸体，以减少感染和传播的机会。

（3）加强监管　一旦发现病猪、病肉，严格按照食品卫生检疫法规和动物卫生检疫法规对其进行处理。

（4）药物治疗　噻苯咪唑按每千克体重 50 ~ 80mg，一次口服，连用 5 ~ 10 天；或用大剂量的丙硫苯咪唑按每千克体重 100mg，一次口服，连用 5 ~ 7 天，均能驱杀成虫和肌肉中的幼虫。

254 什么是猪球虫病？猪球虫病的流行特点及临床症状有哪些？

猪球虫病是由等孢球虫和某些艾美耳属球虫寄生于哺乳期、断奶仔猪小肠上皮细胞所致的消化道疾病，以腹泻、消瘦及发育受阻为特征，成年猪多为带虫者。

【流行特点】　常发生于 7 ~ 21 日龄的仔猪。一般情况下死亡率不高，但在卫生条件差、继发传染性胃肠炎或轮状病毒时病死率增高。成年猪多为隐性感染或带虫者。

【临床症状】　大多数感染仔猪在 8 ~ 10 日龄出现腹泻，粪便颜色从白色、面糊状奶酪色，到黄色水样腹泻，有时含有黄白色结块。仔猪体况和毛发不良，生长速度相对减慢。一般死亡率不高，但急性暴发时死亡率可达 20%。

如果猪继发大肠杆菌或轮状病毒感染，则病情加重。猪球虫病的发生有利于细菌侵入肠道，因此继发细菌感染比较常见。

255 猪球虫的致病作用、实验室诊断方法及防治措施有哪些？

【致病作用】　如果被大量的球虫感染，仔猪将会发生明显症状。球虫卵囊有较强的抵抗性。在分娩舍的环境中极易存活，对干燥环境和各种消毒剂也有较强的抵抗力，大多数仔猪是通过吞食以前的各窝仔猪留下的球虫卵囊而受到感染。一旦仔猪开始腹泻，则球虫对肠壁的损伤已经发生，此时进行治疗的效果不大。有效的控制方法必须基于控制仔猪的感染，防止在肠壁内造成感染。

【实验室诊断方法】　用饱和盐水漂浮法检查有无卵囊。卵囊为圆形，大小为（11～35）μm×（9.6～24）μm。通过待检猪的空肠与回肠压片或涂片染色检查，在小肠内查出内生发育阶段的虫体。

【防治措施】　控制仔猪球虫病可于母猪产前 2 周在饲料中添加每千克体重 250mg 的氨丙林驱虫药物，同时在仔猪 3～5 日龄时使用磺胺二甲氧嘧啶和泰乐菌素的复方制剂溶液对其进行灌服预防。当怀疑仔猪发生球虫病时，可用同样的方法进行治疗，连用 5 天。

> ⚠ 【注意】　球虫病与轮状病毒感染、地方性传染性胃肠炎、大肠杆菌病、梭菌性肠炎和类圆线虫有时同时发生，因此要对上述疾病进行鉴别诊断。

256 什么是猪姜片吸虫病？姜片吸虫有何特征？猪姜片吸虫病的流行特点有哪些？

猪姜片吸虫病是由布氏姜片吸虫寄生于猪小肠内引起的一种人畜共患吸虫病。我国长江流域以南各省发生较多。

【虫体特征】　姜片吸虫新鲜时颜色为肉红色，肥厚，虫体较大，形似斜切的姜片，故称姜片吸虫。腹吸盘强大，在虫体的前方，与口吸盘十分靠近。两条肠管弯曲，但不分枝，伸达虫体后端。睾丸有 2 个，分枝，前后排列在虫体后部的中央。卵巢有 1 个，分枝，位于虫体中部稍偏后方。卵比较大，为淡黄色、长椭圆形或卵形，卵壳很薄，有卵盖，卵内含有 1 个卵细胞。

【流行特点】　不同品种、不同年龄的猪均可感染。多发生于 5～10 月，主要危害 5～8 日龄的幼猪，发病率高。

猪姜片吸虫病是地方性流行病，主要发生于以水生饲料喂猪的地区。人常因生食菱角等水生植物而感染。

257 猪姜片吸虫病的临床症状及病理变化有哪些？

【临床症状】　患姜片吸虫病的幼猪生长发育不良，精神沉郁，低头弓背，食欲不振，流口涎，消瘦，贫血。严重时引起肠炎，猪腹痛，便秘，下痢，眼结膜苍白水肿（眼部、腹部较明显）。母猪感

第四章　猪寄生虫病的防治技术

染则不发情。本病在我国南部和中部地区较常见。

【病理变化】 剖检可见小肠黏膜发炎，充血、出血、糜烂。感染强度高时可能对肠道造成机械性阻塞，甚至能够引起肠破裂或肠套叠而导致死亡。由于虫体大，虫体吸取大量养料，使病猪呈现贫血、消瘦和营养不良的现象。虫体代谢产物被猪吸收后，可使猪发生贫血和水肿。

258 猪姜片吸虫病的实验室诊断方法及类症鉴别有哪些?

【实验室诊断方法】 对病猪做粪便检查，常用水洗沉淀法或直接涂片法检查虫卵。姜片吸虫卵为淡黄色，卵圆形，两端钝圆。长为 $130 \sim 145 \mu m$，宽为 $85 \sim 97 \mu m$。卵壳较薄，卵盖不甚明显，卵黄细胞分布均匀，有 1 个卵胚细胞，常靠近卵盖的一端或稍偏。姜片吸虫卵与肝片形吸虫卵极相似，难于区分，在两者均流行的地区，需依靠剖检来确诊。还可采用血清学检测、酶联免疫吸附试验。

【类症鉴别】

(1) 姜片吸虫与肝片形吸虫卵的鉴别 肝片形吸虫卵形状更为椭圆；卵盖更小，卵盖对端明显增厚；壳薄，常见为单层。

(2) 猪姜片吸虫病与猪钙磷缺乏症的鉴别 钙磷缺乏症的猪有喜吃泥土、砖渣等异嗜癖现象，四肢弯曲、关节肿大，母猪产后 $20 \sim 30$ 天发生瘫痪。

(3) 猪姜片吸虫病与猪胃肠卡他病的鉴别 患胃肠卡他病的猪有呕吐、眼睫毛黄染症状，肛门四周被粪便污染，粪便检查无虫卵。

259 猪姜片吸虫病的防治措施有哪些?

(1) 开展健康教育 不生吃未经刷洗或沸水烫过的菱角、荸荠等水生植物，不喝河塘内的生水。

(2) 粪便及时处理 在流行区，加强粪便管理，及时清扫粪便，堆积发酵后再作为肥料。要防止虫卵因雨水、排灌等流入池塘、河沟内，以免扁蜷螺受到毛蚴感染。

(3) 定期驱虫 秋末驱虫 $1 \sim 2$ 次，选 $2 \sim 3$ 种药交替使用。

1）硫双二氯酚，体重 $50 \sim 100 kg$ 以下的猪，按每千克体重

100mg；体重 100 ~ 150kg 以上的猪，按每千克体重 50 ~ 60mg，混在少量精料中喂服。

2）吡喹酮（8440），按每千克体重 50mg，一次口服。

3）硝硫氰胺（7505），按每千克体重 10mg，一次口服。

4）硝硫氰醚 3% 油剂，按每千克体重 20 ~ 30mg，一次喂服。

5）敌百虫，按每千克体重 0.1g，溶于水中，混入饲料喂服，每头猪最大用量不超过 7g。槟榔 15 ~ 30g、木香 3g，煎成浓汁，早晨空腹一次服下，连服 2 ~ 3 次。

6）槟榔、雷丸、贯仲、甘草各 16g，水煎，空腹喂服。

（4）加热杀虫 该病流行地区的青饲料应加热以杀灭囊蚴和扁卷螺，或经青贮发酵后喂猪。

（5）杀灭螺蛳 在每年秋末冬初比较干燥的季节，挖出塘泥晒干积肥，以杀灭螺蛳。低洼地区，塘水不易排净时，可以采用化学药品灭螺，如用 10 万 ~ 50 万分之一浓度的硫酸铜，0.1% 生石灰，0.01% 茶子饼及硫酸铵、石灰氮等。

260 什么是猪胃圆线虫病？猪胃圆线虫有何特征？猪胃圆线虫病的流行特点有哪些？

猪胃圆线虫病是由红色猪胃圆线虫寄生于猪胃黏膜内引起的寄生虫病。表现为胃炎及继发的代谢紊乱。影响猪生长增重，增加饲料消耗。

【虫体特征】 猪胃圆线虫虫体纤细，带红色。雄虫长 4 ~ 7mm，雌虫长 5 ~ 10mm。虫卵为椭圆形，呈灰色，卵壳很薄，大小为（65 ~ 83）μm ×（33 ~ 42）μm。

【流行特点】 各种年龄的猪都可被感染，但主要是仔猪和架子猪。饲料中蛋白质不足时，容易发生感染。虫卵和幼虫均不耐干燥和低温。

261 猪胃圆线虫病的临床症状及病理变化有哪些？

【临床症状】 虫体侵入胃黏膜吸血。当感染量大时，病猪表现为精神萎靡，贫血，营养不良，口渴，下痢，排混血的黑便。胃溃

瘤是本病的一个特征，多发生于胃底部。

【病理变化】 当幼虫侵入胃腺窝时，由于虫体的机械性刺激和有毒物质的作用，能够引起胃底部点状出血，胃腺肥大，并形成扁豆大小的扁平突起或圆形结节，上有黄色伪膜，进一步发展为溃疡。成虫可引起慢性胃炎，黏膜显著增厚，并形成不规则的皱褶，患部或虫体上均被覆有大量黏液。

262 猪胃圆线虫病的诊断要点及防治措施有哪些？

【诊断要点】 结合临床症状、剖检结果和粪便检查（漂浮法）三者进行诊断。尸体剖检从胃部发现大量虫体，且胃部有溃疡等病变时，即可确诊。

【预防措施】 预防本病应采取综合性措施，改善饲养管理，给予全价营养。猪圈内外应保持清洁，并定期消毒。妥善处理粪便，粪便堆积封泥发酵，进行无害化处理。保持饮水清洁。并可进行预防性和治疗性驱虫。

【治疗措施】

1）噻苯咪唑，按每千克体重 50～100mg，一次口服。

2）左咪唑，按每千克体重 8～15mg，混入饲料喂服。

3）阿维菌素，按每千克体重 1mL，一次颈部皮下注射。

4）丙硫苯咪唑，按每千克体重 5～10mg（预防量），内服，每天 1 次，连用 2 次；按每千克体重 10～20mg（治疗量），混入饲料喂服。

5）多拉菌素，按每千克体重 0.3mg，皮下或肌内注射。

6）氰乙酰肼，按每千克体重 17.5mg，口服；按每千克体重 15mg，皮下或肌内注射，严重者可连用 3 天。如有继发感染，应配合使用抗生素进行治疗。

7）雷丸、榧子、槟榔、使君子、大黄各等分，共研为细末，1 次服 15g（以上为 25kg 猪的用量）。

263 什么是猪华支睾吸虫病？华支睾吸虫有何形态？

猪华支睾吸虫病是由华支睾吸虫寄生于猪胆管和胆囊内所引起

的一种寄生虫病。除猪以外，也寄生于人、狗、猫、鼬、貂等动物肝的胆囊及胆管内，可使肝脏肿大并导致其他肝病变，是一种人兽共患寄生虫病。

华支睾吸病原体形态为背腹扁平，呈叶状，前尖后钝。大小为（10～25）mm×（3～5）mm。睾丸分支，纵列于虫体后端。无雄茎和雄茎囊。卵巢分叶，位于睾丸前。受精囊发达呈椭圆形，位于卵巢和睾丸之间。卵黄腺由细小颗粒组成。

264 猪华支睾吸虫病的临床症状及病理变化有哪些？

【临床症状】 虫体寄生于猪的胆管和胆囊内，引起胆管和胆囊发炎，管壁增厚。虫体分泌毒素，引起贫血，消瘦和水肿。大量寄生时，虫体阻塞胆管，使胆汁分泌障碍，出现黄胆现象。

严重感染时表现消化不良、食欲减退和下痢等症状，最后出现贫血、消瘦。病程多系慢性经过，往往并发其他疾病而死亡。

【病理变化】 主要病变在肝和胆。胆囊肿大，胆管变粗，胆汁浓稠、呈草绿色。胆管和胆囊内有许多虫体和虫卵。肝表面结缔组织增生，肝细胞变性、萎缩，毛细胆管栓塞形成时，引起肝硬化或脂肪变性。

265 猪华支睾吸虫病的实验室诊断方法及防治措施有哪些？

【实验室诊断方法】

1）集卵法包括漂浮集卵法和沉淀集卵法两类，沉淀集卵常用水洗离心沉淀法和乙醚沉淀法。

2）定量透明法（甘油纸厚涂片透明法）。在大规模肠道寄生虫调查中，被认为是最有效的粪检方法之一，可用于虫卵的定性和定量检查。

⚠ 【注意】 华支睾吸虫卵与异形类吸虫卵在形态、大小上极为相似，容易造成误诊，应注意鉴别。

【防治措施】

1）需要对流行地区的猪、犬和猫进行全面驱虫。

2）在疫区不用生鱼、虾喂猪，待煮熟后再喂，以切断传播途径。

3）加强对粪便的管理，防止粪便流入水塘。厕所不要建在鱼塘边。

4）捕捉淡水螺，同时也消灭了第一中间宿。

5）六氯酚，按每千克体重20mg，口服，每天1次，连用2~3天。

6）吡喹酮，按每千克体重20~50mg，一次口服。

7）丙硫苯咪唑，按每千克体重30~50mg，一次口服或混饲。

8）丙酸哌嗪，按每千克体重50~60mg，混入饲料喂服，每天1次，5天为1个疗程。

266 什么是猪肾虫病？齿冠尾线虫有何特征？猪肾虫病的流行特点有哪些？

猪肾虫病又称冠尾线虫病，是由有齿冠尾线虫寄生于猪的肾盂、肾周围脂肪和输尿管等处的主要寄生虫病。南方各地较为普遍。虫体偶尔寄生于腹腔和膀胱等处。本病危害性大，常呈地方性流行。

【虫体特征】 病原虫虫体较粗大，两端尖细，呈灰褐色，形似火柴杆，体壁较透明，其内部器官隐约可见。雄虫长20~30mm，雌虫长30~50mm。卵呈长椭圆形，较大，为灰白色，两端钝圆，卵壳薄，长100~120μm，宽56~63μm。

【流行特点】 本病多发生于气候温暖、多雨的南方地区，多在每年3~5月和9~11月发生。感染性幼虫多分布于猪舍的墙根和猪排尿的地方，其次是运动场中的潮湿处。猪往往在墙根掘土时摄入幼虫，及在墙根下或其他潮湿的地方躺卧时，感染性幼虫钻入皮肤而被感染。

267 猪肾虫病的临床症状及病理变化有哪些？

【临床症状】 无论幼虫或成虫，致病力都很强。临床表现为病猪消瘦，生长发育停滞和腹水，皮肤上有丘疹或结节，瘫痪等。

1）幼虫钻入皮肤时，常引起化脓性皮炎，皮肤发生红肿和小结节，尤以腹部皮肤最常发生。

2）幼虫对肝组织的破坏相当严重，引起肝出血、肝硬化和肝脓肿。

3）幼虫误入腰肌或脊髓时，腰部神经受到损害，病猪可出现后肢步态僵硬、跛行，腰背部软弱无力，以至后躯麻痹等症状。

4）幼虫在猪体内移行时，可损伤各种组织，其中以肺脏受害最重。

【病理变化】

1）皮肤上有丘疹或结节，淋巴结肿大。

2）剖开腹腔，腹水较多，并可见到成虫。

3）肾盂有脓肿，结缔组织增生。输尿管管壁增厚，常有数量较多的包囊，内包成虫。有时膀胱外围也有类似的包囊。

4）肝内有包囊和脓肿，内含幼虫。肝肿大变硬，结缔组织增生，切面上可看到幼虫钙化的结节。肝门静脉中有血栓，内含幼虫。

5）在胸膜和肺脏中也可发现结节和脓肿，脓液中可找到幼虫。

6）在后肢瘫痪的病猪中可见幼虫压迫脊髓。

268 猪肾虫病的实验室诊断方法及类症鉴别有哪些？

【实验室诊断方法】

1）镜检尿液，可见大量虫卵，可做出初步诊断。

2）皮内变态反应可进行早期诊断，即用肾虫的成虫制作抗原，配成 1:100 的浓度，皮下注射 0.1mL，经 5~15min 后检查结果，凡注射部位发生丘疹，其直径大于 1.5cm 者为阳性反应；直径 1.2~1.49cm 者为可疑；直径小于 1.2cm 者为阴性反应。

3）结合临床观察，发现病猪背腰软弱无力，后躯麻痹或有不明原因的跛行时，即可确诊。

【类症鉴别】

（1）猪肾虫病与猪钙磷缺乏症的鉴别　猪钙磷缺乏时，采食时多时少，出现异嗜癖，喜吃煤渣、砖块、墙皮等异物。母猪分娩后20~40天出现瘫卧现象，但皮肤没出现丘疹。

（2）猪肾虫病与猪湿疹的鉴别　猪湿疹是先出现红斑而后出现豌豆大小的丘疹，然后出现水疱。

269 猪肾虫病的防治措施有哪些?

1）猪场保持干燥和清洁，定期用3%漂白粉或10%硫酸铜溶液消毒，地面可用石灰水或3% ~4%漂白粉水溶液消毒。

2）着重加强检疫，防止购进病猪。

3）加强饲料管理，重视饲料搭配，给予富有营养的饲料。

4）药物治疗，发现病猪立即隔离治疗。

① 左咪唑，按每千克体重5 ~7mg，一次肌内注射。驱虫效果可达58.3% ~87.1%，并能抑制肾虫排卵77 ~105天。

② 丙硫苯咪唑，按每千克体重20mg，一次拌料口服。

③ 1%阿维菌素，按每30kg体重1mL，颈部皮下注射。

④ 多拉菌素，按每千克体重0.3mg，皮下或肌内注射。

270 什么是猪住肉孢子虫病?

猪住肉孢子虫病是由住肉孢子虫属的一些原虫寄生于家畜（马、牛、羊、猪、兔等）、鼠类、鸟类、爬行类以及人体的肌肉所引起的以肌肉病变为主的一种原虫病。

犬、猫和人等是住肉孢子虫的终末宿主，猪为中间宿主。寄生于猪的住肉孢子虫、猪猫住肉孢子虫、猪人住肉孢子虫3种，至今已知米氏住肉孢子虫，其终末宿主为犬；猪猫住肉孢子虫，其终末宿主为猫；猪人住肉孢子虫，其终末宿主为人。本病的流行与猫、狗有关，并且与农村中随地大小便的情况及猪的散放习惯有关。

271 猪住肉孢子虫病的临床症状、病理变化及防治措施有哪些?

【临床症状】 由猪猫住肉孢子虫引起的，可发生腹泻、肌炎、跛行、呼吸困难、衰弱等症状；由米氏和猪人住肉孢子虫引起的，可出现急性症状，高热、贫血、全身出血，孕猪出现厌食、发热、肢体僵硬、运动困难、流产等。

【病理变化】 病理组织学检查，在肌纤维间发现白色带状包囊，伴有轻度的细胞浸润；肉眼观察肾脏褪色，胃肠黏膜充血，肌肉除呈水肿样、褪色、小斑点外，陈旧病灶出现钙化；肺充血，胸水、腹水增多。

【防治措施】 应注意猪与猫、狗不要混在一起，猫、狗不要散放，人、狗、猫不能吃未煮熟的猪肉。平时注意环境卫生的消毒工作。对病畜肉尸需进行无害化处理后，才可加以利用。

使用常山酮、土霉素、氨丙啉、莫能菌素等抗球虫药治疗有一定的疗效。

272 什么是猪附红细胞体病？猪附红细胞体病的流行特点及发病原因有哪些？

猪附红细胞体病是由附红细胞体寄生于红细胞表面或血浆中而引起的急性、热性、溶血性传染病。

【流行特点】 不同年龄、品种的猪均有易感性，仔猪的发病率和病死率较高，特别是1月龄断奶时期的猪，受应激因素的影响，发病率与死亡率增高。该病多发于夏、秋季节，但常年时有发生。

【发病原因】 附红细胞体寄生于血液内，手术器械、注射针头、交配等都可传播；胎盘也可传播。当猪抵抗力下降、恶劣的天气、过度拥挤、更换圈舍、更换饲料、分娩或发生慢性传染病时发生较多。

273 猪附红细胞体病的临床症状有哪些？

（1）**仔猪** 1月龄左右断奶的仔猪，最初表现为贫血，其后出现黄疸，生长发育不良，容易成为僵猪；有些病猪高热，全身皮肤发红，在耳、腹下、四肢先发红后出现紫斑，数天内死亡。

（2）**母猪** 多数体温升高达40~41.5℃，高热稽留数天，厌食，在应激条件下发生急性感染；慢性感染时，猪群中部分母猪出现衰弱、皮肤苍白及出现黄疸，其中部分猪不发情或屡配不孕。出现流产、延期分娩。分娩后出现发热、乳房炎和缺乳症等现象。见彩图4-5。

（3）**肥猪** 通常体温升高、前期皮肤发红，后期多表现苍白、厌食。

274 猪附红细胞体病的病理变化及实验室诊断方法有哪些?

【病理变化】 主要表现为贫血和黄疸。病猪一般全身性黄疸,皮肤及黏膜苍白,血液稀薄如水。心冠脂肪黄染。肺肿大,黄染。肝肿大变性,呈黄褐色,胆囊充满胶样胆汁。脾肿大变软。淋巴结肿大,胸腹腔及心包积液。见彩图4-6~彩图4-9。

【实验室诊断方法】

(1) **直接涂片法** 取新鲜或抗凝血少许置载玻片上推成薄层,然后在显微镜下直接观察。可见到附红细胞体呈卵圆形、月牙形、杆状、颗粒状或逗点形等多种形态。附于红细胞表面或血浆中做摇摆、扭转、翻滚等运动。寄生有附红细胞体的红细胞呈锯齿状、星茫状或不规则形态。

(2) **悬滴法** 取新鲜血液加等量生理盐水稀释后吸取数滴置载玻片上,加盖盖玻片,置于显微镜下观察,可见虫体呈球形、逗点形、杆状或颗粒状。由于虫体附着在红细胞表面有张力作用,红细胞在视野内上下振动或左右运动,红细胞形态发生变化,呈菠萝状、锯齿状、星状等不规则形状。

(3) **染色检查** 血液涂片经姬姆萨染色后,虫体可被染成紫红色。血液经吖啶橙染色在荧光显微镜下可见到各种形状的附红细胞体单体。附红细胞体呈浅至深的橘黄色。

275 猪附红细胞体病的防治措施有哪些?

【预防措施】 当怀疑母猪带虫时,对其仔猪进行相应的药物注射、剪齿、阉割、打耳号、断尾等管理程序时,均应注意更换器械或进行严格消毒。

减少应激因素,在应激条件存在时,常导致本病的暴发。

【药物治疗】

1)新砷凡纳明,按每千克体重10~15mg,溶于生理盐水注射液内,静脉注射。3天1次,一般应用2~3次即可见效。

2)对氨基苯砷酸,按每吨饲料180g,对病猪群连用1周,以后减半,连用1个月。

3）贝尼尔和黄色素交替注射。贝尼尔，按每千克体重 4mg，用 10mL 生理盐水稀释，加入 500mL 的 10% 葡萄糖中，一次耳静脉滴入。一般 1 次即可生效，体温下降，可视黏膜黄疸消失，食欲好转。间隔 1～2 天，改用黄色素，按每千克体重 3mg，静脉注射。

4）血虫净和四环素结合对症治疗。血虫净，按每千克体重 5～7mg，用生理盐水稀释成 5% 溶液，深部肌内注射，1 天 1 次，连用 2 次；同时灌服四环素片，每次每千克体重 2 万～3 万国际单位，1 天 2 次，连用 5～7 天。

5）对病症严重的猪采用强心、补液、补左旋糖酐铁和维生素 C。

第五章

猪普通病的防治技术

276 什么是猪胃肠炎？猪胃肠炎的发病原因有哪些？

（1）胃肠炎 是指当胃肠道受到致病因素的强烈刺激时，胃肠表层黏膜及深层组织出现的重剧炎症过程，由于胃肠相互的密切关系，胃和肠的炎症多相继发生或同时发生，故合称为胃肠炎。胃肠炎是猪常见的多发病。

（2）原发性胃肠炎的发病原因

1）饲养管理不善，畜舍阴暗潮湿，卫生条件差，气候骤变，饲喂霉败饲料或饮用不洁的水。

2）食入了尖锐的异物损伤胃肠黏膜后被链球菌、金黄色球菌等化脓菌感染。

3）误入了酸、碱、砷、汞、铅、磷等有强烈刺激或腐蚀的化学物质。

4）动物机体处于应激状态，如车船运输时，猪过度劳累、紧张。

5）滥用抗生素造成肠道的菌群失调引起二重感染。

（3）继发性胃肠炎的发病原因 由急性胃肠卡他、肠便秘、幼猪消化不良、猪球虫、化脓性子宫炎等疾病引起。

277 猪胃肠炎的临床症状及病理变化有哪些？

【临床症状】

（1）急性胃肠炎 病猪表现精神不振，食欲减少或不消失，饮水增加，呕吐，有时呕出物中带血液或胃粘膜。腹泻，粪便稀呈粥样或水样，腥臭，有时混有黏液、血液或脓液。有不同程度的腹痛。当炎症波及大肠时，排粪呈里急后重。眼结膜暗红或发绀，眼窝凹陷，皮肤弹性减退，尿量减少。随时间的延长，病情恶化，病畜体温下降，四肢冰冷，昏睡。

如炎症局限于胃和十二指肠，病猪精神沉郁，体温升高，呼吸加快；排粪迟缓、粪干量少、色暗，表面覆盖黏液；常伴有轻度腹痛症状。

（2）慢性胃肠炎　精神沉郁，食欲时好时坏；出现异嗜癖，喜舔食墙壁和粪尿。便秘与腹泻交替发生，并有轻微腹痛。其他症状如体温、脉搏、呼吸无明显变化。

【病理变化】　主要病变在胃和小肠，表现为充血、出血，并含有未消化的小凝乳块，肠鼓气、肠壁变薄。

278 猪胃肠炎的诊断方法及防治措施有哪些？

【诊断方法】　根据临床表现的精神沉郁，呼吸加快，呕吐腹泻，粪中有黏液、血液、腥臭等症状进行诊断。若绝食，主要炎症在胃；若出现腹痛、初便秘后腹泻，炎症在小肠。若腹泻出现早、脱水迅速、里急后重，炎症在大肠。结合剖检可做出初步诊断。

【防治措施】

（1）消炎退烧　肌内注射庆大霉素（每千克体重 150～300 国际单位）、环丙沙星（每千克体重 2.0～5mg）等抗菌药物。

（2）清理肠胃　用硫酸钠 10～30g（或人工盐 15～40g）、鱼石脂 10～30g、酒精 50mL，加水适量内服。

用液状石蜡（或植物油）50～100mL、鱼石脂 10～30g、酒精 50mL，内服。（应注意在用泻剂时要防止剧泻）。

（3）防止脱水　可用 5% 葡萄糖生理盐水 1 000～1 500mL、10% 安钠咖注射液 5～10mL、25% 维生素 C 2～4mL、5% 碳酸氢钠 30～80mL，一次静脉注射，每天 2～3 次。也可灌服或直肠灌注口服补液盐 500～1 000mL，每天 3～4 次。

（4）防酸中毒　用 500mL 生理盐水、50mL 碳酸氢钠、维生素

C，静脉注射。一般先给 1/2 或 2/3 的缺水量估计，边补充边观察。碳酸氢钠的补充，可先输 2/3 的量，另外 1/3 可视具体情况续给。

（5）中药治疗 用白头翁根 35g、黄柏 70g，加适量水煎服。或用槐花 6g、地榆 6g、黄芩 5g、藿香 10g、青蒿 10g、赤芩 6g、车前 9g，水煎服。针灸穴位：脾俞、百会、后海。针法：白针。

（6）防止复发 幼猪用多酶片、酵母片或胃蛋白酶乳酶各 10g。大猪用健胃散 20g、人工盐 20g，分 3 次内服；或用五倍子、龙胆、大黄各 10g，水煎服，可增加疗效，巩固效果。

（7）加强护理 有食欲后，要给予适口性好、易消化饲料和青绿多汁饲料及清洁饮水，做到少喂勤添，逐渐过渡到正常饲养。

279 什么是猪异嗜癖？猪异嗜癖的发病原因有哪些？

猪的异嗜癖是由于饲养管理不当、环境条件差、营养供应不平衡、疾病及代谢机能紊乱等原因导致猪产生味觉异常的一种复杂应激综合征。该病在秋、冬季节发病率较高。

【发病原因】

（1）猪舍环境条件差 包括猪舍内温度偏高或过低，通风不良以及大量有害气体（如二氧化碳、氨气、硫化氢）蓄积；猪舍内的光照太强，猪表现兴奋不安；受到惊吓，猪串圈群；天气骤变、圈舍潮湿引起皮肤发痒等因素。使猪产生不适感或休息不好均能导致啃咬等异嗜癖的发生。

（2）个体差异大 新进猪与原圈猪合群时，个体之间有差异，相互抢食，常常出现大欺小、强欺弱的现象。因争夺位次，相互咬斗甚至咬伤。

（3）饲养密度过高 包括饲养密度大、饲槽数量不足、因争夺槽位打架或饮水不足等因素。

（4）营养供应不平衡 日粮中缺少微量元素及维生素，如钾、钠、镁、铁、钙、磷等微量元素的缺乏和维生素 B 族的缺乏等，都能造成猪机体代谢紊乱而发病。

（5）各种疾病原因 当猪患外寄生虫病时，如疥癣、虱子等，可使猪皮瘙痒，烦躁不安，在舍内的墙壁、食槽摩擦，使部分皮肤耳处等出血，诱发其他猪咬尾。患慢性胃肠道疾病、软骨症和寄生虫病时，均可引发该病。

（6）猪的特性　小猪有好奇贪玩的特性，也有模仿的特性，当处于比较舒适的环境时，咬其他猪的尾巴成了玩游戏，如果见有一头猪被咬的头破流血，就会引发大群猪相互咬斗的兴趣，从而诱发群发性的异嗜癖。

280 猪异嗜癖的临床症状有哪些?

猪异嗜癖的表现是咬耳、咬尾、咬肋、吸吮肚脐、喝脏水、饮尿液、食粪拱地、跳栏、闹圈、母猪咬仔猪和吃仔猪等现象。

相互咬斗、打架是异嗜癖中较为恶劣的行为，表现为对外部刺激非常敏感，食欲减退，起卧不安，目光异常、凶狠。开始只有一头或几头相互咬斗，逐渐发展为数头参与。主要是咬尾巴和耳朵，当被咬部位出血后，猪对血液产生嗜好，引起相互咬尾、咬耳癖，如果不尽快采取措施，危害会逐渐扩大。影响猪的生长发育，皮毛粗乱、日渐消瘦，可能成为僵猪。严重时可引起继发感染，引起骨髓炎和脓肿，可并发败血症等导致猪死亡，给猪场造成严重的经济损失。

281 猪异嗜癖的防治措施有哪些?

（1）给仔猪及时断尾及在圈中投放玩具　根据猪的特性，仔猪出生后及时断尾是最好的解决办法，或在猪圈中投放玩具类的东西以及青绿饲料分散小猪的注意力等措施，减少或避免咬尾、咬耳症的发生。

（2）有足够大的占地面积　饲养密度要适宜，以不拥挤、不影响生长和正常采食饮水为标准。冬季密度可大一些，夏季要稀疏一些。保证每头仔猪 $0.3 \sim 0.5m^2$、每头中猪 $0.6 \sim 0.7m^2$、每头肥育猪 $0.8 \sim 1m^2$ 的占地面积。

（3）创造良好的环境条件　要控制好猪舍内的温度与湿度，保证猪舍有良好的通风效果，避免空气污浊，预防贼风侵袭。粪便要经常清扫，避免潮湿、避免在圈中大声喧哗、避免抽打猪等粗暴管

理造成的应激。

(4) 加强异嗜癖母猪的管理 对于吃胎衣和胎儿的母猪，喂适口性好的全价饲料满足猪的营养需要，或在饲料中加入适量的食盐有一定效果，还可用小虾或小鱼100~300g煮汤喂服，每天1次，连服数日。另外，还可购买一些调味剂、大蒜、白糖、陈皮等原料拌入饲料中，扰乱猪的嗅觉，改变母猪的异嗜癖。

(5) 制订合理的喂养制度 做到定时定量饲喂，不过饱、不饥饿，不喂发霉变质的饲料，喂清洁的水，饲槽及水槽数量要充足，避免猪在抢食中争斗咬伤。

(6) 挑出有恶癖的猪单圈饲喂 对有咬尾、咬耳恶癖的猪要及时分开单独进行喂养。并在猪全身和鼻端喷洒高度白酒，每天3~5次，一般两三天可控制咬尾症。

(7) 及时处理被咬的猪 要及时用生理盐水或高锰酸钾溶液清洗局部伤口，涂上碘酊以防止伤口感染，还要注射抗生素预防全身感染。

(8) 对症治疗各种类型的异嗜癖 在生产实际中，除了有咬尾、咬耳异嗜癖外，还有其他类型的异嗜癖症，如啃墙、啃圈、啃吃垫草等异嗜癖。对这几种类型的猪应采取相应的措施。

1）对有啃墙、啃圈习惯的猪，可喂红土或烧砖用的页岩粉末，以补充铁、锰、锌、镁等多种微量元素。

⚠ **【注意】** 喂红土要注意驱虫。

2）对啃吃垫草的猪，可喂服多种维生素或肌内注射复合维生素，每次10~20mL，每天1次，连用3~4天。

282 猪中暑的原因及中暑的临床症状有哪些？

【发病原因】

1）猪的汗腺并不发达，皮下脂肪厚，大猪特别怕热。在炎热的夏季，如果不注意遮阴，长时间处在烈日下，猪容易发生中暑。

2）猪舍设计不合理，通风不良，没安装排风扇，也没安装降温设备。猪数量多、密度大，饮水不足，圈舍不卫生，长时间处在潮湿闷热的环境下，易发生中暑。

【临床症状】 在气温较高的夏季，猪的体温急剧上升，高达42℃以上，表现为精神高度沉郁、走路不稳、大量饮水、角膜充血，严重者常卧地不起、神志不清、痉挛抽搐、瞳孔放大、反射消失、迅速窒息死亡。

有的出现兴奋不安、口吐白沫、张口喘气、呈腹式呼吸、肌肉颤抖等现象。妊娠母猪因血、氧供应不足造成流产。见彩图5-1。

283 猪中暑后的解决办法有哪些？

（1）加强护理，尽快散热

1）发现猪中暑后，应马上将猪转移到通风较好的阴凉处，保持周围环境安静。用冷水反复喷洒猪的头部及胸部，然后在猪头部放置湿麻袋片或冷水袋，抓紧给猪灌服西瓜汁、绿豆汤或"十滴水"。必要时可用0.5%～1%的凉盐水反复灌肠。

2）对于狂躁不安的猪，注射镇静剂，如氯丙嗪每千克体重2～4mg。处在昏迷或休克状态下的猪，可用10%安钠咖10～20mL，加入5%的糖盐水250～500mL，耳部静脉注射。

3）放血。在耳尖、尾尖放血100～300mL（视猪体大小灵活掌握）。配合针灸，在耳根、鼻梁等穴位针灸效果会更好。

（2）防止脱水和酸中毒 用0.9%生理盐水300～500mL、碳酸氢钠注射液0.5～1.5g、地塞米松注射液6～12mg，混合静脉注射；用5%葡萄糖250～750mL、安钠咖注射液0.5～1g、维生素C注射液2g、安乃近3～5g，混合静脉注射。

（3）防止脑水肿，降低脑内压 若出现两侧瞳孔大小不一、颅内压升高、呼吸加快等症状时，可采用20%甘露醇或25%山梨醇100～250mL，静脉注射，每隔6h注射1次，至脑水肿症状基本消失为止。

（4）中药疗法 用藿香45g、金银花30g、竹叶30g、石膏（先煎）100g，水煎取汁，灌服；对兴奋不安者，加钩藤30g、蜈蚣10g、全蝎15g；对昏迷者，加郁金20g、菖蒲20g、天竺黄20g。

⚠ **【注意】** 发生中暑后将猪立即转移到通风较好的阴凉处进行处理和治疗。

284 猪中暑的预防措施有哪些？

(1) 加强饲养管理　在炎热的夏季，对妊娠母猪，必须饲养在通风良好的圈舍，设有防暑设备（风扇）等。同时加强喂养，在母猪产前2周和整个泌乳期日粮中添加1%～3%的陈醋，以增进母猪的食欲，增加母猪产后泌乳量。

对育肥猪，日粮中添加碳酸氢钠，每头每天按4～8g混入饲料中喂饲，或按1%的比例加入硫酸钠（芒硝）连喂2周，间歇1周再喂。口服葡萄糖或在饮水中添加电解多维等。

对种猪，除喂全价饲料外，种猪舍要有水池，让猪自由洗浴。

(2) 创造防暑条件　对于一般的猪场和养殖户，要在猪舍上方搭凉棚等进行遮阴或种植丝瓜、吊瓜、葡萄、葫芦等藤蔓类植物及早栽树木。对有条件的猪场，圈舍内安装通风、降温设备，如风扇、水帘等设备。

(3) 搞好清洁卫生，保证充足的饮水　猪舍内要勤打扫，圈栏存猪数量不宜过多，密度不要太大。保证充足清洁的饮水，或在水中加入适量食盐，效果更好。有条件的定期给猪喂些西瓜或西瓜皮及青绿饲料或绿豆汤等防暑降温。

(4) 合理安排好种猪配种时间　以早、晚、阴凉天为主。

(5) 合理安排好运输时间　外购猪的运输尽量安排在早、晚进行，装载数量不要太多，要保证通风。

⚠ **【注意】**　夏天猪场要准备防暑药品及安装防暑设备。

285 什么是猪应激综合征？猪应激综合征的发病原因有哪些？

应激综合征是机体受到各种不良因素（应激原）的刺激而产生的一系列疾病的征候。猪应激综合征是指猪受到不良因素的刺激而引起的非特异性应激反应。瘦肉型良种猪、生长速快的猪比较多见，由不良刺激引发的疾病较多，如恶性高温综合征、猝死、咬尾、母猪无乳症、皮炎、断奶后系统衰竭等。

【发病原因】　在饲养过程中捕捉、追赶、保定、阉割、疫苗注射、温度过高或过低、环境发生突然变化、群猪互相咬斗、饥饱不定、周围环境嘈杂、断奶、长途运输过程中的碰撞或挤压、暴晒、运输车船内气温过高等都是发生应激综合征的诱因。

286 猪应激综合征的临床症状有哪些？

【猝死应激综合征】 急性死亡是应激表现最为严重的形式，其特点是无任何症状突然死亡，有的数分钟之内死亡，剖检心肌及全身横纹肌变性。个别应激敏感猪在受到抓捕惊吓或注射时突然死亡；有的公猪在配种时，由于过度兴奋而死亡；有些猪在车船运输途中突然死亡。

【急性应激综合征】

1）恶性过热综合征。主要为运输应激，由于天气炎热和过于拥挤等，在运送途中的肥猪发生大叶性肺炎，病猪呼吸困难、黏膜发绀、全身颤抖、皮肤出现紫斑、肌肉僵硬、体温增高，直至死亡。

2）急性肠炎。多表现为下痢、水肿病，由大肠杆菌引起的，与应激反应有关。

3）全身适应性综合征。仔猪和繁殖母猪受到饥饿、惊恐、严寒、中毒及预防注射等因素刺激，引起应激系统的复杂反应，表现为警戒反应的休克，沉郁、肌肉弛缓、血压下降、体温降低。与此同时，病猪体温可交错出现升高休克。

【慢性应激综合征】 应激原较弱，但持续或间断反复引起轻微反应。

1）病猪生产性能降低，防卫机能减弱，容易继发感染，引发各种疾病。

2）心脏变化。主要发生于 3～4 月龄的猪，常常突然暴发死亡，病因不明，最典型的病变是心脏广泛出血，心脏外观如桑葚。由于在心脏和其他组织中都发现有 PAS 阳性物质沉着于毛细血管和毛细血管前动脉的内膜下和管内，因而也称为营养性微血管病。

3）猪应激性肌病。主要发生于肥育猪，特征是屠宰后肌肉水肿、变性坏死及炎症。眼观肉质色淡，有渗出液，质地松弛。猪的应激性肌病有三种：一种是 PSE 猪肉，又称水猪肉；一种是以背肌坏死为主的肌肉坏死，又称背肌坏死；一种是以腿部肌肉炎症坏死

第五章

猪普通病的防治技术

143

为主的疾病，又称腿肌坏死。PSE 肉在宰后 45min pH 低于 6，肌纤维分离，肌肉保水性差，纹理粗糙，不易作鲜肉，煮熟后耗损大，口味也不好，加工容易出次品，在国外一般是全部废弃。

4）猪肉色泽深暗、质地粗硬、切面干燥，这是由于所受的应激原作用的强度小而时间长，肌糖消耗较多，糖原储备水平低，体内乳酸生成少，并被呼吸性碱中毒所产生的碱中和造成的。这种猪肉保水能力差，切割时没有液体渗出。

5）猪急性高热症。多见于待宰的肥育猪，使用某些全身麻醉药物，如氟烷、胆碱等引起某些应激综合征，然而与药物本身的药理作用无关。前期表现出肌肉颤抖和尾发抖，继而表现为呼吸困难，体表有充血、紫斑，体温迅速上升，可达到 43℃，心跳加快，后肢痉挛收缩。重者进一步发展，导致全身无力，肌肉僵硬，最后死亡。

6）猪的胃溃疡、大肠杆菌病、产褥期无乳综合征、咬尾症、生理异常肝等病症都与应激有着一定的关系。

慢性应激死亡的猪心脏肥大，以右心及中隔最为明显，肾上腺肥大、胃肠溃疡等。有的无其他特殊的病理变化，这可能由于应激原作用强度不大，时断时续，作用的方式和症状比较隐蔽，容易被人们忽视。若不加以控制，这类应激也会产生有害的影响。如噪声、冷应激、饥饿等都可能产生不良的累积效应，致使猪的生产性能下降，抗病力降低。

287 猪应激综合征的诊断方法及病理变化有哪些？

【诊断方法】

1）根据发病原因进行诊断。分析发病前饲养管理是否发生变化，饲料、环境等各种应激原存在的情况，一般即可做出诊断。

2）根据临床症状进行诊断。如果不清楚发病原因，也可根据临床症状做出诊断。

3）根据病理变化进行诊断。对于发病突然、造成死亡的，根据剖检症状也可做出诊断。

【病理变化】　最明显的特征是动物死后迅速出现踝关节僵直及肌肉僵硬，某些部位肌肉苍白、柔软、有液汁渗出，即白肌肉，尤以背最长肌最为明显。有的肌肉颜色变暗，变为干硬猪肉。还有部分病例剖检后无特异性变化。也可见到内脏膨满、肺水肿及细支气管充满泡沫等。

288 猪应激综合征的防治措施有哪些？

1）做好品种优化，培育抗应激猪。对有应激敏感病史或对外界刺激敏感的猪群，如胆小神经质、难于管理、容易惊恐，兴奋好斗的猪，不留作种用猪。

2）提供良好的饲养条件，减少和避免各种外界的干扰和不良刺激，猪舍要通风良好，防止拥挤、忽冷忽热、噪声和骚扰咬架等。

3）在长途运输过程中要注意防寒防暑、防压。驱赶时，要避免过分刺激，对应激敏感型猪，可喂给氯丙嗪每千克体重 1~3mg。

4）对病猪隔离饲养，对重症者肌内注射或口服氯丙嗪每千克体重 1~3mg，静脉注射 5% 碳酸氢钠 40~120mL；为防止过敏性休克和变态反应性炎症，可静脉注射适量地塞米松等皮质激素。

5）在猪转群前 9 天和 2 天应用亚硒酸钠维生素 E 合剂，每千克体重用 0.13mg。

6）出栏前 12~24h 内不饲喂或减饲，饮用口服补液盐水。

7）对发生反应的猪应单独放在通风凉爽处，使其充分休息，并用凉水喷洒猪全身。开始肌肉僵硬时，可注射镇静剂，或用 5% 碳酸氢钠溶液来降低酸中毒；出现休克时，应予以急宰。

8）用鲁米钠每头肌内注射 0.1~0.3g，可以起到缓解酸中毒的作用。

9）中药治疗。参苓白术散，将党参 24g、白术 24g、茯苓 24g、炙甘草 24g、山药 24g、白扁豆（炒）24g、莲子肉 15g、薏苡仁 15g、桔梗（炒黄）15g、砂仁 15g 研末，开水冲调，晾温后一次灌服，1 天 1 次，3 天为 1 个疗程。

289 什么是猪消化不良？猪消化不良的原因及临床症状有哪些？

消化不良又称胃肠卡他，是胃肠道黏膜表层的炎症。该病使消化系统器官机能受到扰乱或障碍，表现为消化、呼吸机能减退，食

第五章　猪普通病的防治技术

欲减退或不食。

【发病原因】 包括饲料中蛋白质含量过高，饲料品质不良，如霉变等；饲养管理不当，饲喂饮水不及时，饥饱不均或引用不清洁的水；突然更换饲料，天气突变；冰冻的饲料未及时清除饲槽外等因素。本病是仔猪的常见病之一。

【临床症状】 病仔猪主要表现为精神不振，食欲减退或不食，饮水增加，咀嚼缓慢、呕吐、偶有腹泻，粪便内含有未消化的饲料、黏液、血丝，粪便污染肛门周围和后躯。病情严重的出现腹疼腹胀。若治疗不及时，会造成猪脱水、中毒死亡。

290 猪消化不良的防治措施有哪些？

1) 饲喂全价并且易消化的配合饲料，做到定时定量。

2) 加强饲养管理，做到少喂勤添，控制饮食，避免猪过饥过饱。

3) 对仔猪尤其是断奶仔猪采取过渡的饲养管理办法，不要突然更换饲料，不要突然更换圈舍。冬季要喂干料。水的温度不可过低。

4) 药物治疗。

① 胃蛋白酶 10g、稀盐酸 5mL、常水 1 000mL 混合，仔猪每天 10～30mL 灌服。

② 大黄酊、龙胆酊、陈皮酊 5～10mL，大蒜酊 10～20mL，一次内服。

③ 健胃片或酵母片 3～10 片，内服，增强胃肠功能。

④ 哺乳仔猪可采取饥饿疗法，禁乳 8～10h，给以适量的生理盐水。

⑤ 健胃散 5～10g，一次灌服，连服 3～5 天。

⑥ 碳酸氢钠注射液 20mL，一次肌内注射，1 天 1 次，连用 1～2 天。

⑦ 硫酸庆大霉素注射液 32 万单位，维生素 B_1 注射液 12mL，一次混合肌内注射，1 天 1 次，连用 2～3 天。

⑧ 萝卜籽 20g、山楂 20g，碾成粉末拌料喂食，1 天 2 次，连续喂 2 天。

⑨ 酵母片或大黄苏打片 2 ~ 10 片，混入少量饲料中喂猪，每天 2 次。清肠后饲喂。

⑩ 硫酸钠或硫酸镁 20 ~ 50g 加 25 倍水溶解后内服，或内服 50 ~ 100mL 石蜡油，或植物油 50mL、人工盐 3.5g、焦三仙 1kg 混合成散剂，每次每头 5 ~ 15g，便秘时加倍，仔猪酌减。

⑪ 醋 100mL、盐 15g 掺食喂，或大黄苏打片 20 ~ 30 片，一次内服。

5）针灸治疗。主穴：鼻梁穴、涌泉穴、滴水穴、尾尖穴。配穴：人中穴、玉堂穴、蹄叉穴、承浆穴。

291 什么是猪肠扭转？猪肠扭转的发病原因有哪些？

猪肠扭转是肠管本身伴同肠系膜呈索状地扭转，或因病中疝痛打滚使肠管缠结，造成肠管变位而形成阻塞不通。该病大多发生于哺乳后不久的仔猪，常发生于空肠和盲肠。

【发病原因】 过冷的食物或水进入机体后，刺激部分肠管产生痉挛性的剧烈蠕动，而其他部分肠管处于弛缓状态，前段肠管内的食物迅速向后移动，若此时猪处于被追赶状态，猛跑中摔倒或跳跃，造成肠管内食物不均衡，肠管在剧烈的振荡中易发生扭转或缠结。

292 猪肠扭转的临床症状、病理变化及类症鉴别有哪些？

【临床症状】 病猪突然不食，发生剧烈的腹痛，起卧不安，打滚，嘶叫，四肢划动，或跪地爬行。也有的腹部收缩，背拱起，或前肢伏地，头抵于地面，卧立不安。患病猪初期频频排粪，后期停止排粪，常排出黏液。体温一般正常，但蹬腿时或并发肠炎或肠坏死时体温升高。结膜充血，呼吸加快，触摸腹壁有固定痛点，叩诊有鼓音。

【病理变化】 肠有顺时针或逆时针方向扭转，局部肠管淤血肿胀。而缠结则无定型。部分肠管胀气，严重时肠发生坏死或破裂。见彩图 5-2 和彩图 5-3。

【类症鉴别】 见附表 A-10。

293 猪肠扭转的防治措施有哪些？

主要是科学地饲养和管理，饲料、饮水要清洁。对仔猪应加强饲养管理，不喂给有刺激性饲料；猪圈要卫生，防止猪误食泥沙和污物；在运动时要防止猪剧烈奔跑和摔倒；发现有阴囊疝、脐疝或腹壁疝时，要及时治疗；阉割时，手术要规范，防止发炎并引起肠管粘连等。

早期确诊后，施行手术整复有治愈的希望。对不够屠宰而正生长发育的育肥猪或母猪，可在剖腹检查之机做手术纠正，扭转缠结局部肠管涂以油剂青霉素防止粘连，缝合后每天注射抗生素。

294 什么是猪肠套叠？猪肠套叠的发病原因有哪些？

猪肠套叠是肠管套入邻近的肠管内。该病大多数发生于哺乳或断乳不久的仔猪。一般套叠的肠段以小肠（十二指肠和空肠）较为常见。猪肠套叠是一种发病率不高、但致死率高的肠道疾病，偶发于回肠套于盲肠。

【发病原因】 当仔猪在饥饿或半饥饿状态下，肠管长时间处于弛缓和空虚的状态，当刺激性食物由胃进入肠管，前段肠肌伴随食物加剧蠕动，套入相连接的后段肠腔中。仔猪的肠套叠，大多数是由腹泻、肠痉挛等疾病引起的。另外，在抓捕、注射疫苗或口服药物时，使肠管剧烈抖动、相互撞击也会引起肠套叠。猪蛔虫病也可以引起肠套叠。

295 猪肠套叠的诊断方法及临床症状有哪些？

【诊断方法】 根据呕吐、不食、剧烈腹痛，排少量含有血液的黏稠稀粪，按压腹部有痛感，不太肥的猪可摸到似香肠状的肠段来诊断。有条件的使用 X 光透射检查可以确诊。

【临床症状】 猪突然不吃食，出现剧烈的腹痛，表现翻倒滚转，四肢划动或跪地爬行，鸣叫。也有的腹部收缩，弓背，前肢伏地，头抵于地面，卧立不安，发出痛苦的呻吟声。初期频频排粪，排出的粪便带有黏液，后期停止排粪。体温一般正常，如并发肠炎或肠坏死时，体温可上升。眼结膜充血，呼吸加快，脉搏数增加。十二指肠套叠时常发生呕吐。见彩图 5-4 和彩图 5-5。

296 猪肠套叠的防治措施有哪些？

【预防措施】 加强仔猪的饲养管理，不喂有刺激性的饲料，早期确诊后施行手术整复有治愈希望。加强母猪的管理，使其泌乳正常。不给猪过冷的饲料和饮水，禁止粗暴地追赶、鞭打猪和不必要地捕捉，如遇骤冷天气注意给猪保暖，避免其因受寒冷刺激而发病。

【治疗措施】 发病初期及早进行手术整复，有治愈的希望。如突然倒地，常来不及治疗，注射阿托品可缓解肠痉挛症状，但不易完全恢复。轻度的肠套叠可能会自行恢复，严重的肠套叠常在数小时内死亡，慢性的常伴发肠壁坏死，预后不良。如果只是轻度充血、淤血或粘连，采取复位即可治愈。如肠管坏死，又是优良品种，则应用外科手术切除该段肠管，对肠管断端进行缝合。

一般术后禁食 5~7 天，给予饮水，由静脉或直肠给予营养进行维持，时间稍长后再喂流质的食物，逐渐恢复到正常饮食。

297 什么是僵猪症？僵猪症的发病原因及临床症状有哪些？

僵猪症是指猪在生长发育的某一阶段，受某些不良因素的影响，导致其生长缓慢或停滞、体型发育瘦小、皮毛粗糙无光泽一种疾病。僵猪病会造成饲养期延长，饲料报酬降低，经济效益显著下降。在散养情况下，僵猪症的发病率较高。

【发病原因】

1）猪圈阴冷潮湿，圈舍不卫生，猪患皮肤病，饲养管理不当。主要原因是怀孕母猪后期营养不足，胎儿发育受阻。

2）患内、外寄生虫病，如疥癣虫，猪虱、蛔虫等。

3）患过其他慢性病，如仔猪软骨病、白痢、副伤寒、贫血及慢性肺炎等。

4）饲料不全价，缺乏青料及矿物质，蛋白质供应不足，不能满足仔猪生长的需要。另外，大小猪同圈饲养也是发病的原因。

【临床症状】 表现为食欲不好，或吃得不少但生长缓慢。消瘦，

被毛粗乱，皮肤多皱无弹力，弓背，头大屁股尖，有的长期消化不良，便秘、腹泻交替发生。

298 僵猪症的防治措施有哪些？

【预防措施】

1）防止近亲交配，做好母猪产前和产后的护理，产仔前后在母猪饲料中加入土霉素，以预防仔猪黄、白痢。

2）对于弱小仔猪，开始要人工辅助其吃奶。一周后及时补料，断奶时间根据具体情况而定。断奶后喂全价配合饲料。

3）定期驱虫，喂健胃药和及时注射疫苗。

4）加强管理，保持圈内清洁。

【治疗措施】

1）盐酸左旋咪唑每千克体重5mg，肌内注射。早晨空腹拌料喂给大黄苏打片8～15片。也可在饲料中加入健胃药，如人工盐10g、硫酸钠10g、龙胆末5g、氧化镁8g或其他药物等。

2）维丁胶性钙3mL、维生素B_{12}15mL、氢化可的松8mL，肌内注射。每天1次，连用数天。

3）肌苷4mL、维生素B_{12}2mL、辅酶A500国际单位，混合肌内注射。连用2天，停1周，再用2天。在饲料中添喂维生素C片剂，每天3～5片。

4）对于食量极小的猪，可用韭菜500g、白酒200g掺在饲料中饲喂。每周1次，连用2～3次。

5）中药治疗。用何首乌、白芍、杜仲、神曲、麦芽、苦参各等份，研末，混匀。15kg以下的仔猪用9～12g，拌料，每天1次，连服3～5天；25～40kg的猪，每次12～15g，连服3～5天。

6）首乌10g，熟地、山药、白术、陈皮、甘草、厚朴各15g，这是30kg猪1天的用量，研末混饲，连用7～10天。

7）对长期便秘的猪，可用大承气汤方剂治疗。服用2～4剂粪便正常后，每天添喂炒熟的芝麻，10～15天可痊愈。

8）对患气喘病、慢性肠炎的僵猪，喂给土霉素以预防和治疗，每头每天40mg或肌内注射卡那霉素，直至痊愈。

9）敌百虫每千克体重 0.1g，每天 1 次，连喂 4 天，对发生轻微中毒者给 1 支阿托品解毒。敌百虫能驱蛔虫，大剂量对驱除肺丝虫也有相当好的疗效，还能兴奋交感神经，促进胃肠道平滑肌收缩，引起拉稀，调理胃肠机能，增强僵猪的食欲。患有顽固性疥螨病或猪虱的僵猪，按每千克体重 0.14g 的量喂给阿福丁，1 周后重喂 1 次，效果明显。另外，还需用敌百虫溶液对猪舍、用具进行喷洒，彻底消灭疥螨虫和猪虱，防止其愈后重发。

299 什么是猪阴囊疝？猪阴囊疝的发病原因及临床症状有哪些？

猪阴囊疝是腹腔内脏器官经腹股沟环脱出，进入阴囊，俗称"通肠卵"，是猪较为常见的疾病。

【发病原因】 猪阴囊疝分先天性和后天性两种，多为一侧性。

1）先天性阴囊疝是腹股沟管内环过大所致，公猪有遗传性。常在出生时发生，或在出生几个月后发生，若非两侧同时发生则多半见于左侧。

2）后天性阴囊疝主要是腹压增高而引起的，如爬跨、两前肢凌空、身体重心向后移、腹内压加大等都会发生阴囊疝，还有母猪的挤压、跳跃和其他的激烈挣扎都可能加大腹内压力而引发该病。

3）公猪临床阉割时处理不当，也可能发病。

【临床症状】 公猪的阴囊疝可发生于一侧或两侧阴囊，多数为可复性阴囊疝，若腹内压加大或体位改变，阴囊的大小也会随之变化，用手压迫阴囊可使阴囊内的肠管进入腹腔，停止压迫后肠管再度进入阴囊内。

可复性阴囊疝对猪的生长发育无明显的影响，只有在阴囊内的脏器过多时可影响猪的食欲及发育。若进入阴囊总鞘膜内的肠管不能还纳回腹腔内，而在腹股沟内环处发生钳闭时，可发生全身症状，如腹痛、呕吐、食欲废绝。当被钳闭的肠管发生坏死时，可发生内毒素性休克而引起猪死亡。

300 猪阴囊疝的治疗方法有哪些？

发生阴囊疝的公猪需要通过手术方法还纳肠管，闭合总鞘膜管

（或缝合内环），并进行阉割手术。手术有两种方法：一种是切开鞘膜还纳法，另一种是切开腹腔还纳法。

（1）切开鞘膜还纳法

1）保定。由保定人员抓住猪的两后肢使头朝下，或将猪倒吊起来。

2）麻醉。先做全身麻醉，再在疝囊预定切开线上用0.5%盐酸普鲁卡因浸润麻醉。

3）切口定位与手术。于倒数第一对乳头外上方的皮下环处做一个4~6cm长与鞘膜管平行的皮肤切口，分离腹外斜肌、筋膜，显露总鞘膜管，然后在鞘膜管上剪一小口，从切口内深入手指，将肠管经腹股沟内环向腹腔内推送，直至将所有进入鞘膜腔内的肠管全部还纳回腹腔内。闭合鞘膜管：将切口内的鞘膜管向内环处分离，在靠近内环处用缝线结扎鞘膜管，然后缝合皮肤切口。皮肤切口结节缝合。术部用2%碘酊消毒，解除对猪的保定。

4）术后护理。术后3天内给予少量的流质饲料，3天后可转入正常饲喂。手术后使用青霉素防止感染和用安痛定止疼，要注意保持圈舍卫生，防止切口污染。

（2）切开腹腔还纳法

1）切开腹壁，还纳脱出肠管。手术的切口位于肠管脱出侧即倒数第二对乳头外侧3~4cm处，平行腹白线做一个5~6cm长的切口，切开腹壁，手伸入腹腔内，从内环处将阴囊鞘膜内的肠管引入腹腔内。

2）缝合内环和腹壁切口。用弯圆针在腹腔内对内环间断缝合2~3针，腹壁切口进行全层间断缝合。

3）术后护理。猪圈舍应保持干燥、安静，仔猪不宜剧烈活动，但也不能长期卧睡，炎热天气切忌仔猪卧于污水中，术后应注射青霉素和安痛定以防感染和消除疼痛。若肠管送不回腹腔则为肠粘连，将肠管分离后再进行手术；若肠管坏死，则切除坏死部，吻合肠管后再做手术。

301 什么是猪脐疝？猪脐疝的发病原因及临床症状有哪些？

猪脐疝是指腹腔脏器经脐孔脱出于皮下，多见于猪的脐孔在仔猪生下后未完全闭合，以致腹腔内脏器官经未闭合的脐孔漏于皮下，形成小如核桃、大如垒球的囊状物。

【发病原因】 本病多为先天性，一是因为脐孔发育不全、没有闭锁，或因脐部化脓而造成的。二是不正确地断脐，腹壁脐孔闭合不全，再加上仔猪的强烈努责或用力跳跃等原因，促使腹内压增加，肠管容易通过脐孔而漏入皮下，形成脐疝。一般发生于 30 ~ 40kg 猪，如不及时采取有效的治疗措施，会造成严重的损失。

【临床症状】 一是可复性疝，脐部呈现局限性球形肿胀，质地较柔软，无热无痛，当猪的体位改变，或用手按压脐疝部，则疝囊变小，疝囊内肠管可还纳入腹腔内。二是粘连性疝，有的疝囊内容物与疝囊粘连，人为地还纳疝囊内容物时无法完全还纳。三是疝囊内容物在脐孔（疝轮）处发生钳闭，此时猪表现为腹痛、呕吐、心跳加快，全身情况很快恶化，如不及时进行手术治疗，多因钳闭处肠管坏死导致猪内毒素中毒而休克死亡。见彩图 5-6。

302 猪脐疝的治疗方法有哪些？

（1）术前处理 手术前一天不喂食；将患病猪仰卧保定好；疝囊及其周围用剪毛剪把毛彻底剪净，用 0.1% 新洁尔灭溶液清洗净，再用 5% 碘酊消毒 2 次，再用 75% 酒精棉球涂擦；用 0.5% 盐酸普鲁卡因注射液 10 ~ 30mL（仔猪一般用 10mL、中大猪一般用 30mL）分别在疝囊底部和基部做分层浸润麻醉。

（2）做手术 在脐疝囊适当的部位用手术刀切开皮肤 5 ~ 7cm 或 10 ~ 15cm，如果疝囊面体积大，切口要大一些。先从患病猪基部，靠近脐孔处与躯干平行轻轻切开表皮，避开大血管，如用力过大会切断肠管，所以应轻而慢，将疝囊剥离开，把肠管慢慢地从脐孔还纳腹腔内。用手按压脐孔，目的不让肠管从脐孔脱出。假如发现肠段出现坏死、粘连，可随时剥离并切除坏死肠段，做吻合肠管手术后，将肠管慢慢经过脐孔送回。再缝合脐孔，在脐孔的中间用结结缝合，第二针在两边的中间缝合，脐孔缝合好后把坏死的表面肌肉切除掉，整理脐孔，涂上青霉素 80 万国际单位 2 支，缝合表层肌肉，切除多余的表皮后，整理表层肌肉，涂上青霉素 80 万国际单位 2

支，缝合表皮，整理后涂上青霉素 80 万国际单位 2 支。手术完毕。

（3）术后护理　猪圈舍应保持干燥、安静，连续 3 天给予抗生素。

303 什么是猪关节炎？猪关节炎的发病原因有哪些？

猪关节炎是指猪受强烈的外力作用，如追赶、捕捉或运输时，关节韧带及关节囊等出现损伤。损伤部位发热肿胀，伸缩困难，卧地不起，强迫运动时呈跳跃运动或拖曳肢前进。

除此之外，风湿性关节炎主要病变为关节及其周围肌肉组织发生炎症和患肢肌肉萎缩。该病多发生在秋末、冬季，以成年种猪特别是老年猪发病较多。

【发病原因】

1）由于外伤使猪的关节软骨或韧带受到损伤。

2）由于长期潮湿、寒冷、猪运动不足、猪过肥及饲料变换等刺激引起。

3）某些疾病的发生造成关节感染引起。

304 猪关节炎的临床症状有哪些？

1）猪风湿性关节炎多发生在肩、肘、髋、膝等活动较大的关节，常呈对称性，也有转移性。脊柱关节也有发生。

2）如果是因为外伤所引起的关节炎，初期走路异常，卧地不想走动，关节肿胀，触摸有痛感；严重时，食欲减少，体温稍高。由于猪采食受到影响，如得不到及时治疗，猪会逐渐消瘦并且生长缓慢。

3）风湿性关节炎和细菌感染所引起的关节炎，一般伴有全身发热，几个关节同时有疼痛感，并稍有肿大，常是几个关节反复轮换发病。

4）急性风湿性关节风湿病表现为急性滑膜炎的症状，关节肿胀，关节腔有积液，触诊有波动。站立时患肢常屈曲，运动时呈跛为主的运动，常伴有全身症状。体温为 39℃左右，呼吸及脉搏数增加，食欲减退，在短期内治不好容易转为慢性。

5）慢性关节炎，因滑膜周围组织增生、肥厚，关节变粗，活动受到限制。缓慢运动，步幅小，患肢抬举困难，但瘸腿症状随活动量的增加而减轻或消失。

305 猪关节炎的防治措施有哪些？

【预防措施】 预防猪关节炎的关键是加强饲养管理，猪舍保持清洁、干燥，防止贼风袭击。避免猪出现外伤。

【治疗措施】

1）静脉注射 10% 水杨酸钠溶液 20～100mL，因水杨酸制剂具有明显的抗风湿、抗炎和解热镇痛作用，用于治疗急性风湿病效果较好。

2）内服水杨酸钠 10～20g。

3）每天用碳酸氢钠 10～20g，混入饲料喂 2 次，以减少其副作用。

4）用氨基比林 5～10mL。

5）疼痛局部可涂擦碘酊。

6）用醋酸可的松、氢化可的松 5mL，配合注射普鲁卡因青霉素 40 万～80 万国际单位。

7）每次用复方维生素 B 溶液 20mL、维生素 C 片 200mg，混入饲料口服，每天 2 次，连服 3～5 天。如贫血的病猪，每天用硫酸亚铁 2g，配成 1% 的溶液混入饲料喂服。

8）金银花、连翘、天花粉各 10g，乳香、没药、甲珠、牛夕、当归、地丁、蒲公英、红花各 6g，研末，用开水冲调，加黄酒 250mL 灌服。

9）桃仁、红花、杏仁、栀子各等份，共为细末，用白酒或常醋调敷，每天 1 次。

10）针灸治疗。穴位：蹄头、缠腕及患关节附近穴位。针法：血针、白针。

306 猪蹄裂病有哪些特征？

猪蹄裂病以蹄匣缩小、蹄壁角质层裂、局部疼痛、卧地少动为

猪普通病的防治技术

第五章

155

主要特征。

蹄裂病是猪的主要蹄部疾病之一，发病率在 4% ~5% 左右，轻则影响猪进食，重则猪被淘汰。当感染时，可引起化脓性真皮炎。如果是有价值的种公猪发生蹄裂病，会造成重大经济损失。

307 猪蹄裂病的发病原因有哪些？

（1）圈舍因素 圈舍的设计合理与否直接影响养猪生产，现在许多地方的猪舍都是水泥铺设的地面，特别是现代化养猪场的猪舍，由于地表面坚硬而粗糙，加上干燥而寒冷的气候，猪长期在上面行走摩擦，易造成本病的发生。

（2）季节因素 秋冬天气也是致病的因素之一，因天气由暖转凉，猪体表毛细血管收缩，导致正常脂类物质分泌减少，猪蹄壳薄嫩，加上粗糙地面等摩擦碰撞，造成蹄壳出现裂缝。

（3）品种因素 从国内外猪品种看，瘦肉型品种和品系如大约克夏、长白、杜洛克和汉普夏等肢体较软，易裂。

（4）营养因素

1）饲料中钙、磷不足或比例失调，易造成蹄底出现裂痕。

2）缺乏维生素 D 时，影响骨骼的生长发育，易发生软骨病，使得肢蹄不正和关节炎肿胀等，使种猪的肢蹄受力不均，导致裂蹄，特别是猪缺乏运动和阳光照射不足时更易发生此病。

3）缺硒时可引起足变形、脱毛、关节炎等。

4）缺锌时则呈蹄裂或侧裂。

5）生物素缺乏时，不能正常维持蹄的角质层强度和硬度，蹄壳龟裂，蹄横裂，脚垫裂缝并出血，有时有后脚痉挛、脱毛和发炎等症状。

6）缺锰时，能导致蹄异常变形，而且缺锰时多是横裂。

7）慢性氟中毒也能导致蹄裂。

308 猪蹄裂病的发病特征和临床症状有哪些？

【发病特征】 本病发病时间主要集中在 10 ~12 月和次年 1 月，以 12 月最为严重。

发病猪多为待配或初配的后备公、母猪，用水泥、方砖铺设地面的现代猪舍饲养的猪发病率也较高。

【临床症状】 猪发生蹄裂后，出现局部疼痛，起卧不便，因卧地少动可继发肌肉风湿症；发病时间较长的可磨破皮肤，容易形成局部脓肿。患病轻的影响公、母猪配种或孕期正常活动，较严重的因不能正常采食逐渐消瘦被淘汰或死亡。蹄壁无光泽，有横或纵的裂缝，常发生多肢蹄裂隙。裂隙不影响真皮时不发生跛行或运步障碍；如涉及真皮，并且已经感染时，可出现不同程度的跛行或运步障碍。蹄尖壁裂时，用踵部负重，前肢两侧蹄都有蹄裂时，用腕部着地负重。见彩图 5-7 和彩图 5-8。

309 猪蹄裂病的诊断方法与防治措施有哪些？

【诊断方法】 结合该病的发病原因与临床症状可做出诊断。但要与口蹄疫进行鉴别，首先排除口蹄疫。

【防治措施】 消除引发蹄裂病的诱因是关键。

1）改善圈舍结构，水泥地面要保持适宜的光滑度和倾斜度（但必须小于 3°），地面无尖锐物、无积水。适当的阳光照射，有利于维生素 D 的合成。保持蹄的湿度，但圈舍又不能潮湿。

2）在饲料中添加生物素 + 复合多维 + 硫酸锌。

3）滋润蹄壳，对干裂的蹄壳，每天涂抹 1～2 次鱼肝油，促进愈合。同时，发病猪每天喂 0.5～1kg 胡萝卜，配合饲料中加 1% 的脂肪，对尽快愈合有良好辅助作用及治愈效果。

4）因蹄裂、蹄底磨损等继发感染，肢蹄发炎肿胀，可用青霉素、鱼石脂软膏、鱼肝油等药物进行对症治疗。

5）现代化猪场、在单体栏中放浴盆，进行脚浴；有运动场的，在运动场的进出口处设置脚浴池，池内放入 0.1%～0.2% 福尔马林溶液。

第五章 猪普通病的防治技术

310 猪结膜炎有什么特征？猪结膜炎的危害程度及发病原因有哪些？

猪结膜炎是以眼结膜红肿、流泪、睁不开眼睛为特征。

【危害程度】 猪的结膜炎传播速度很快，在群养猪中发病率较高，结膜炎易引起视力障碍或双目失明，患病猪生长速度大大落后于同龄猪。不易治愈，尤其是病程长、结膜红肿外翻的患病猪不易治愈。

【发病原因】

1）外伤或异物落入眼中，或刺激性气体，如猪舍内氨气、硫化氢气体的浓度过高刺激猪的眼睛发生结膜炎。

2）天气闷热、猪舍通风不良、暑天运输、路途远等易使猪发生结膜炎。

3）单眼发病，一般由外伤引起。两眼同时发病，一般由刺激性气体、长途运输或气候闷热所致。

311 猪结膜炎的临床症状及防治措施有哪些？

【临床症状】 猪结膜炎表现为病眼结膜红肿，怕光，流泪，眼睑频繁睁闭。眼肿胀，疼痛，眼内流出分泌物，病初是浆液性，病重者呈黏液性或脓性。日久则为化脓性炎症，眼结膜混浊，分泌物呈白色、黄色，黏稠，黏附于内眼角和睫毛上。见彩图5-9。

【防治措施】

1）搞好圈舍卫生，保持圈舍通风良好。

2）对患病猪的眼睛，先用硼酸水或生理盐水冲洗眼结膜，清出异物，在眼角内点涂氯霉素、金霉素、四环素、可的松药、硫酸锌液等眼药水或眼药膏。

3）用0.25%～0.5%普鲁卡因加青霉素配制的溶液点眼，用于镇痛。

4）中兽药方剂。

①取新鲜鱼胆（或羊胆汁），凉开水洗净，用烧红的针刺破，使胆汁流入干净眼药瓶中，每天4～5次滴于患病眼，每次2～4滴，直到治愈为止，治疗结膜炎的红肿和疼痛。

②防风、黄连、黄芩、荆芥、没药、甘草、蝉蜕、龙胆草、石决明、草决明各10g，研为细末，开水冲调灌服或拌入料中饲喂。

③菊花200g，煎汁2次混合约2.5L，过滤后一半内服，一半熏

洗患病眼，每天 2 次。

④ 紫花地丁洗净捣烂拧汁点眼，每次 2～3 滴，每天 3 次，药渣加适量鸡蛋清敷于患病眼皮上。

⑤ 鲜蒲公英 400g，水煎后一半内服，一半趁热熏洗患病眼，每天 1 次。

⑥ 野菊花、薄荷叶各 15g，熬水洗眼。

⑦ 蝉蜕 10g、草决明 13g、石决明 10g、芒硝 60g、龙胆草 10g、菊花 60g、炒蒺藜 6g、谷精草 6g，煎汤内服，孕猪禁用。

⚠ **【注意】** 1）～7）的剂量适用于 30～50kg 的猪。

312 什么是猪乳房炎？猪乳房炎的发病原因及临床症状有哪些？

乳房炎又称乳腺炎，是乳腺受到物理、化学、微生物等致病因子作用后所发生的一种炎性变化。本病多发生于哺乳母猪。

【发病原因】

1）多数仔猪咬伤乳房以及冻伤、挤压受伤后，感染链球菌、葡萄球菌或真菌等病原体，引起乳房炎或乳房内乳汁停滞。

2）断乳方式不当也可引起乳房炎。

3）全身疾病或其他器官患病时也可引起乳房炎，如母猪患子宫内膜炎时，常并发此病。

4）母猪产前产后喂精料过多，乳量过大，小猪吃不完也可引发此病。

【临床症状】

1）乳房潮红、肿胀，触摸有热感，发硬。由于乳房疼痛，母猪拒绝仔猪吃乳，仔猪饥饿不安、叫声不断。

2）乳房炎初期表现为乳汁稀薄，后变为乳清样，可看到乳中含有絮状物。

3）乳房炎随着炎症进一步发展，乳汁成脓性，乳汁减少，混有白色絮状物，有时带有血丝，甚至有黄褐色脓液，有腥臭味。

4）严重乳房炎，乳房排不出乳汁、脓汁，能形成脓肿以至溃疡。化脓性或坏疽性乳房炎，母猪会出现全身症状，体温升高，食欲减退，精神不振，喜卧，不愿起立等。见彩图 5-10。

第五章 猪普通病的防治技术

313 猪乳房炎的防治措施有哪些?

(1) 防止外伤 做到猪舍清洁、干燥。冬季产仔应垫清洁柔软稻草,仔猪断奶前应减少饮水和逐渐减少喂奶次数,使乳腺活动慢慢减少。

(2) 隔离仔猪 将仔猪与母猪分开。对母猪采取治疗措施。

(3) 对症状轻的处理方法 可用温开水洗净乳房,乳房硬结时,轻轻按摩,使硬结消散,挤出患病乳房内的乳汁(注意:化脓性乳房炎时不可按摩和挤压),局部涂以消炎软膏或涂上鱼石脂软膏。

(4) 药物治疗 用 0.5%~1% 盐酸普鲁卡因 10~20mL 加入青霉素 20 万~40 万国际单位做乳房周围分点封闭注射,1~2 天后如不减轻,可重复注射 1 次。

(5) 手术治疗 形成脓肿的,应尽早由上向下纵行切开,排出脓汁。然后用 3% 过氧化氢溶液或 0.1% 高锰酸钾溶液冲洗干净脓汁。脓肿较深时,可用注射器先抽出其内容物,最后向腔内注入青霉素 10 万~20 万国际单位、链霉素 10 万国际单位。

(6) 全身治疗 注射青霉素 160 万~320 万国际单位或链霉素 250 万国际单位。

(7) 中药治疗

方一:王不留行 10g,乳香、没药各 6g,水煎,加酒适量内服。

方二:皂刺、赤芍、当归尾、荆芥、防风、花椒、黄柏、连翘、透骨草各 50g,水煎,候温外洗。每天 1 次,连用 2~3 次。

方三:全瓜蒌 1 个、当归 15g、川芎 10g、白芷 15g、赤芍 15g、贝母 15g、蒲公英 30g、山甲(炮)10g、金银花 30g、乳香 15g、没药 15g、甘草 15g,水煎喂服。

方四:银花、连翘、蒲公英、地丁各 10g,知母、黄柏、木通、大黄、甘草各 6g,研末拌料服用。

方五.蒲公英 100g,水煎,加黄酒 100g,分 2 次喂服。

方六:茄子巴或南瓜巴 7 个,烧成灰,研细,用白酒 50mL 喂服。

第六章
猪代谢性疾病的防治技术

314 什么是营养代谢病?

饲粮中营养物质缺少或过多,以及某些与生产不相适应的内外环境因素的影响,都可引起营养物质的平衡失调,导致新陈代谢和营养障碍,使机体生长发育迟滞,生产力、繁殖力和抗病力降低,甚至危及生命。这类疾病统称为营养代谢病。

315 什么是仔猪缺铁性贫血?仔猪缺铁性贫血的流行特点及发病原因有哪些?

仔猪缺铁性贫血主要是由于哺乳仔猪所需要的铁缺乏而引起的一种营养性缺乏疾病,本病在养猪场及农户中发生较为普遍,造成损失较大。

【流行特点】 本病多发生在2~4周龄的仔猪当中,多发生于冬末、春初以舍饲为主的仔猪,特别是以水泥地面饲养而不采取补铁措施的集约化养猪场发病较多。

【发病原因】 本病主要是由于铁元素的需求量供应不足所导致的,哺乳仔猪生长发育速度很快,新生仔猪体内含铁量大约为30~50mg,而正常生长则每头每天需要7~8mg,每头仔猪每天从母乳中得到的铁元素仅不到1mg。胎儿期储存的铁最多能维持其出生后正常生长发育1周左右的时间,如不及时补铁,在仔猪体内储备的铁元素耗尽后,就会影响血红蛋白的合成,就会引起缺铁性贫血症。

铁是血红蛋白、肌红蛋白以及各种氧化酶的组成物，铜在血红素和红细胞的形成中起催化作用。如果母猪料和仔猪的补料都是以玉米、麦皮为主，饲料中长期不加矿物质微量元素添加剂，那么仔猪无论在母奶中或在补料中都不能获得必要的铁、铜微量元素。这也是造成缺铁性贫血的主要原因。

316 仔猪缺铁性贫血的临床症状和病理变化有哪些？

【临床症状】 病猪精神沉郁，食欲减退，离群躺卧，营养不良，背毛粗乱无光，体温不高。可视黏膜呈淡蔷薇色，轻度黄染，重症者黏膜苍白，呼吸、脉搏均有增加。有的仔猪外观肥壮，生长发育也较快，但是在奔跑中会突然死亡。

【病理变化】 血液稀薄，色淡，不易凝固，肌肤颜色变浅，胸膜腔内常有积液，胃肠和肺常有炎性病变，心脏扩张，实质脏器脂肪变性。

317 仔猪缺铁性贫血的防治措施有哪些？

1）仔猪出生后1周，可将红黏土（含铁较多）撒在猪圈一角，让其自由舔食，但要定期进行驱虫。仔猪要有充足的运动和光照，开食后适时补料。

2）仔猪出生后2~3天内注射铁制剂。每头颈部肌内注射铁制剂100~150mg；或注射铁钴针，每头仔猪肌内注射右旋糖酐铁钴注射液2mL（每毫升含铁50mg），隔周1次；或出生后3天肌内注射牲血素1mL（每毫升含铁150mg）。

3）补饲铁铜合剂，硫酸亚铁2.5g、硫酸铜1g、水1 000mL，混合溶解后用纱布过滤，按每千克体重0.25mL给予灌服，每天1次，连用7~10天。

4）0.1%硫酸亚铁和0.1%硫酸铜混合水溶液，供仔猪饮用。

⚠ 【注意】 如果猪栏是混凝土结构，使母猪、仔猪不能和土壤接触，猪栏潮湿，仔猪消耗能量过多，抵抗力降低，会加剧本病的发生。

318 什么是仔猪佝偻病？仔猪佝偻病的发病原因有哪些？

仔猪佝偻病是由于骨源性矿物钙、磷代谢障碍和维生素 D 缺乏或日照缺乏所导致的一种仔猪群体中常见的营养代谢性疾病。

【发病原因】

1）先天性佝偻病主要是因怀孕母猪体内钙、磷或维生素 D 缺乏，致使胎儿骨骼发育不良。

2）过早断奶。维生素 D 能促进肠道对钙、磷的吸收，若仔猪断奶过早或母奶不足，就不能直接从母奶中获取足够的维生素 D。

3）仔猪患有胃肠消化道疾病时，肠道中的维生素 D 和维生素 D 原、钙和磷的吸收和利用减少，甚至基本不能吸收利用。另外寄生虫病、先天性发育不良等因素都能阻碍钙、磷和维生素 D 的吸收与利用，可引发该病。

4）仔猪饲料搭配不当。在仔猪饲料中的钙含量要达到 0.6% ~ 0.9%，钙、磷比例保持在 1.5∶1 ~ 2∶1 之间。有的养猪户不懂配料，造成钙、磷供应不足或比例不当，形成高钙低磷佝偻病。其次日粮中脂肪性饲料过多，代谢中产生大量酸类，与体内钙形成不溶性钙盐排出体外，导致机体缺钙。

5）猪舍光线差。很多养猪户把猪舍建在楼房底下，四周又不通风，或圈舍阴暗，阳光照射不足，以致仔猪体内维生素 D 缺乏。

319 仔猪佝偻病的临床症状有哪些？

早期食欲减退，精神不振，喜食泥土、污物，喜卧厌动，甚至跛行，生长不良，被毛粗松。逐渐呈现跛行加重，行走困难，面骨肿胀，后肢关节增大肿痛，采食时左右肢不断交替负重。病程稍长，出现腕、跗关节粗大、弯曲，头部肿大，可见长骨扭曲变形，站立困难，或前肢跪着走路，喜卧，有时伴有咳嗽、腹泻、呼吸困难等症状。

320 仔猪佝偻病的防治措施有哪些？

（1）加强怀孕母猪的饲养管理　饲养中增补比例合理的钙、磷及维生素 D，并让其适当运动与晒太阳。

（2）加强仔猪的饲养管理　注意圈舍卫生，通风干燥，保证光线充足和仔猪运动。

（3）及时测定，合理调配饲料中钙、磷含量的比例　补足矿物性饲料如骨粉、氢钙、贝壳粉、石粉等，添加鱼肝油等富含维生素 D 的饲料。

（4）对关节变形仔猪提早用药　用维生素 D 2～5mL（或 800～1 000国际单位），或维生素 D3 5 000～10 000 国际单位，肌内注射，每天 1 次连用 1 个月。用钙制剂如 10～20% 氯化钙或 10% 葡萄糖酸钙 20～50mL，静脉注射，用碳酸钙 5～10g 或磷酸钙 2～5g，内服。用乳酸钙 5～10g 或甘油磷酸钙 2～5g，内服。

（5）喂给鱼肝油、钙粉　每天每头口服鱼肝油 5mL，每天 1 次，连喂 6 天，并每天补喂钙粉 20～50g。

（6）使用维丁胶性钙针剂　每千克体重 0.2mL，肌内注射，隔天 1 次。连用 3 次。

（7）其他药物治疗　对站立困难、体弱瘫痪者，首先补充营养，静脉注射 10% 葡萄糖液 50～100mL，加入 5% 碳酸氢钠注射液 5～10mL；同时肌内注射安痛定 5～10mL 和维丁胶性钙 5mL，每天 1 次，连续 3 天，以后隔天 1 次，连用 3 次，并精心护理 10～20 天后可痊愈。

321　仔猪佝偻病的类症鉴别有哪些？

本病应注意与有跛行症状的风湿病、肢蹄外伤及锌硒缺乏症等加以区别。风湿病一般不出现异食现象，头骨、肋骨及多数长骨等无异常，跛行症状以四肢僵硬为主，运动后症状缓解，应用抗风湿药物可以治愈。肢蹄外伤通常具有外伤史，跛行症状随伤立即出现，可以找到伤口。缺锌多见于哺乳母猪，一般在产后 25～35 天发病，出现原因不明的跛行；小猪缺硒也有喜卧、步态强拘症状，重者四肢麻痹，但两者均无骨骼变形症状，骨骼穿刺均呈阴性，缺硒时剖检可见肌肉色淡、发白。

322　什么是仔猪硒缺乏症？我国缺硒地区及仔猪硒缺乏症的　　　发病原因有哪些？

仔猪硒缺乏症，主要是由于饲料中缺乏微量元素硒和维生素 E

引起的一种营养代谢病。病猪多表现为白肌病和肝营养不良症。

【缺硒地区】 本病在世界各地均有不同程度的发生。我国约有2/3 的国土面积缺硒，黑龙江、吉林、内蒙古、青海、陕西、四川和西藏七省（自治区）是缺硒地区，其中以黑龙江省最为严重。除此以外，辽宁、山东、江苏、浙江、福建等省沿海的一些县也较严重。

【发病原因】 一是由于母猪怀孕或哺乳时日粮中硒的添加量不足。二是我国大部分地区都缺硒，在低硒的土壤中生长的植物含硒很低，用这些植物做饲料，很可能造成仔猪硒缺乏症。本病发生具有一定的区域性，但是现在饲料工业和运输业很发达，非缺硒地区很可能从缺硒地区购进饲料原料，这样在非缺硒地区也会发生本病。三是饲料品质不良、加工不当或储存不好时，使维生素 E 被氧化，造成饲料中硒含量不足。另外，由于饲养管理不善，猪舍卫生条件比较差，以及各种应激因素都可能诱发该病。

323 仔猪硒缺乏症的临床症状有哪些？

1）仔猪白肌病即肌营养不良，一般多发于出生后 20 天左右的仔猪，1～3 月龄或断奶后的育成猪多发，一般在冬末和春季发生，2～5月为发病高峰期。

【急性型】 发病猪往往无先驱症状，体温一般无变化。有的仔猪仅见有精神委顿或厌食现象，呼吸促迫，心动急速，常突然死亡。病程稍长者，可见后肢强硬，弓背，行走摇晃，全身肌肉弛缓乏力，步幅短而呈痛苦状；有时两前肢跪地移动，后躯麻痹，病程继续发展则四肢麻痹，卧地不起。常并发顽固性腹泻，最后呼吸困难，心脏衰弱而死亡。

【亚急性型】 发病猪精神沉郁，食欲不振或废绝，腹泻，心跳加快，心律不齐，呼吸困难，不愿活动，行走时步态强拘、后躯摇晃、运动障碍。重者起立困难，站立不稳。体温无变化，当继发感染时，体温升高，大多病畜有腹泻的表现。

【慢性型】 生长发育停止，精神不振，食欲减退，皮肤呈灰白或灰黄色，不愿活动，行走时步态摇晃。严重时，起立困难，常呈前肢跪下或呈犬坐姿势，尿中出现各种管型，并有血红蛋白。

第六章 猪代谢性疾病的防治技术

2）仔猪肝营养不良多见于 3 周~4 月龄的小猪，急性病例多见于营养良好、生长迅速的仔猪，常突然发病死亡。慢性病例的病程为 3~7 天或更长，出现水肿、不食、呕吐、腹泻与便秘交替，运动障碍，抽搐，尖叫，呼吸困难，心跳加快，有的病猪呈现黄疸，个别病猪在耳、头、背部出现坏疽，体温一般不高。

3）成年猪硒缺乏症其临床症状一般与仔猪相似，大多病情比较缓和，呈慢性经过，治愈率也较高。大多数母猪出现繁殖障碍，表现为母猪屡配不上，怀孕母猪早产、流产、死胎，产弱仔等。

324 仔猪硒缺乏症的病理变化有哪些？

1）白肌病主要为骨骼肌和心肌有特征性变化，骨骼肌特别是后躯臀部和股部肌肉色淡，似熟肉或鱼肉状，呈灰白色条纹或黄白色条纹，膈肌呈放射状条纹。切面粗糙不平，有坏死灶。心内膜隆起或下陷，心内、外膜出血，心包积水，心肌色淡，尤以左心肌变性最明显。

2）肝脏病变，皮下组织和内脏黄染，急性病例的肝脏呈紫黑色，肝肿大 1~2 倍，质脆易碎，呈豆腐渣样；慢性病例的出血部位呈暗红乃至红褐色，正常肝小叶和坏死肝小叶混合存在，体积缩小，质地变硬。坏死部位萎缩，结缔组织增生，形成瘢痕，使肝表面变得凸凹不平。

325 仔猪硒缺乏症的诊断方法有哪些？

根据本病主要发生于小猪，具有典型的临床症状和病理变化，体温一般不变化，成年种猪出现繁殖障碍，母猪屡配不孕，怀孕母猪早产、流产、死胎，产弱仔等；再调查了解饲料中硒的添加量，可以确诊。

326 仔猪硒缺乏症的防治措施有哪些？

1）加强饲养管理，注意饲料的合理搭配，保证妊娠和哺乳母猪饲料中有足量的硒。仔猪出生后，要应用维生素 E 制剂或维生素 E 预防注射，满足猪对硒和维生素 E 的需要。

2）在缺硒地区可对妊娠母猪进行补硒，产前15~25天内及仔猪出生后第二天起，每30天肌内注射0.1%亚硒酸钠液1次，每次用量为3~5mL，也可在母猪产前10~15天喂给适量的硒和维生素E制剂。

3）0.1%亚硒酸钠注射液，成年猪用量为10~15mL，6~12月龄猪用量为8~10mL，2~6月龄用量为3~5mL，仔猪用量为1~2mL，肌内注射。可于首次用药后间隔1~3天，再给药1~2次，以后则根据病情适当给药。配合维生素E 50~100mg，肌内注射，效果更佳。

4）亚硒酸钠的治疗量接近中毒量，应用本药品时要注意浓度一般不宜超过0.2%，剂量不要过大，用药必须谨慎，一定要确保猪的安全。皮下、肌内注射该药对局部有刺激性，可引起局部炎症。

5）醋酸生育酚，仔猪0.1~0.5g/头，皮下或肌内注射，每天或隔天1次，连用10~14天。维生素E，仔猪日粮中添加10~15mg/kg，拌料。最好能够配合使用硒制剂。

327 什么是猪维生素A缺乏症？维生素A的主要生理功能有哪些？

本病是由于维生素A缺乏而引起的一种慢性营养代谢病，病猪以生长缓慢、视觉障碍、器官黏膜损伤、繁殖机能障碍及脑和脊髓受压为主要特征，仔猪及育肥猪易发病，成猪发病少。

维生素A与动物视色素的正常代谢及骨骼的生长有关，可维持上皮组织的完整性，维持正常的繁殖机能，在动物体内具有重要的生理功能。

328 引起猪维生素A缺乏症的常见原因有哪些？

1）饲料调制和储存不当，使饲料酸败和氧化，维生素A或维生素A原被破坏。

2）长期饲喂缺乏维生素A原的饲料，如麸皮、米糠、棉子等。

3）饲料中磷酸盐、亚硝酸盐和硝酸盐含量过多，加快了维生素A和维生素A原的分解破坏，并影响维生素A原的转化和吸收，磷

酸盐含量过多还可影响维生素 A 在体内的储存。

4）患慢性胃肠、肝胆疾病。胆汁有利于脂溶性维生素的溶解和吸收，还可促进维生素 A 原转化为维生素 A，由于慢性消化不良和肝胆疾病，引起胆汁生成减少和排泄障碍，影响维生素 A 的吸收，造成猪体内维生素 A 的缺乏。

5）母乳缺乏维生素 A。由于妊娠、泌乳、生长过快等原因，使机体对维生素 A 的需要量增加，如果添加量不足，将造成猪体内维生素 A 的缺乏。

6）另外，猪舍潮湿阴暗、通风不良，猪缺乏运动等都可促使本病发生。

329 猪维生素 A 缺乏症的临床症状有哪些？

1）病猪表现为皮肤粗糙，皮屑增多，呼吸器官及消化器官黏膜常有不同程度的炎症，出现咳嗽、腹泻等。

2）仔猪呈现明显的神经症状，头颈向一侧歪斜，重症病例表现为走路不稳，步态摇摆，随后失控，不久即倒地并发出尖叫声。目光凝视，瞬膜外露，继发抽搐，角弓反张，四肢呈游泳状。有的表现为皮脂溢出，周身表皮分泌褐色渗出物，可见夜盲症。视神经萎缩及出现继发性肺炎。

3）妊娠母猪常常出现流产和死胎，或产出的仔猪瞎眼、畸形（眼过小）、全身性水肿、体质衰弱，很容易发病和死亡。

4）公猪睾丸退化缩小，精液质量差。

330 猪维生素 A 缺乏症的病理变化及诊断方法有哪些？

【病理变化】 表现为骨发育不良，长骨变短，颜面骨变形，颅骨、脊椎骨、视神经孔骨骼生长失调。被毛脱落，皮肤角化层厚，皮脂溢出，出现皮炎。生殖系统和泌尿系统的变化表现为黏膜上皮细胞变为复层鳞状上皮。眼结膜干燥，角膜软化甚至穿孔。怀孕母猪胎盘变性，公猪睾丸退化缩小，精液品质不良。

【诊断方法】 根据饲养管理状况，有夜盲、干眼、角膜角化、繁殖机能障碍、惊厥等神经症状及皮肤异常角化等临床特征，可做出初步诊断。确诊需进行血液、肝脏、维生素 A 饲料中维生素 A 含量的测定。血浆：正常值为 $0.88\mu mol/L$（$25\mu g/dL$），临界值为 $0.25 \sim 0.28\mu mol/L$（$7 \sim 8\mu g/dL$），低于 $0.18\mu mol/L$（$5\mu g/dL$）可出现临床症状。肝脏：维生素 A 和 β-胡萝卜素分别为 $60\mu g/g$ 和 $4\mu g/g$ 以上，临界值分别为 $2\mu g/g$ 和 $0.5\mu g/g$，低于临界值即可发病。

> ⚠ 【注意】 要注意本病与脑灰质软化症、伪狂犬病、散发性脑脊髓炎、病毒性脑炎、李氏杆菌病、有机砷中毒、食盐中毒、猪瘟等具有神经症状的疾病的鉴别。

331 猪维生素 A 缺乏症的防治措施有哪些？

（1）改换饲料，补充维生素 A 制剂 注意饲料的储存和调制，保证饲料的质量。多给猪饲喂富含维生素 A 的饲料。保证饲料中含有充足的维生素 A 或胡萝卜素，消除影响维生素 A 吸收利用的不利因素。

（2）内服鱼肝油 成年猪 $10 \sim 30mL$，仔猪 $0.5 \sim 2mL$，每天 1 次，连用数天。

（3）肌内注射维生素 A 制剂 维生素 AD 注射液，母猪 $2 \sim 5mL$，仔猪 $0.5 \sim 1mL$，肌内注射。

（4）口服维生素 AD 滴剂 仔猪 $0.5 \sim 1mL$，成年猪 $2 \sim 4mL$。

332 什么是猪维生素 B 族缺乏症？

维生素 B 族包括维生素 B_1、维生素 B_2、维生素 B_3、维生素 B_6、维生素 B_7、维生素 B_{12}、维生素 PP、肌醇和胆碱等。由维生素 B 族缺乏引起的猪营养代谢病总称为猪维生素 B 族缺乏症。

333 猪维生素 B 族缺乏症的临床症状及病理变化有哪些？

（1）维生素 B_1（硫胺素）缺乏 病猪被毛粗乱无光泽，食欲减退，严重时可呕吐，前期多见便秘，粪便似羊粪蛋样小球，生长发育缓慢，尿少色黄，病猪精神不振，喜卧，可见跛行，甚至四肢麻

痹，严重者目光斜视，转圈，出现阵发性痉挛，后期腹泻。仔猪表现腹泻、呕吐、生长停滞、心动过速、呼吸迫促，突然死亡。

（2）维生素 B_2 缺乏 临床上以生长发育不良、角膜炎、皮炎和皮肤溃疡为特征。当维生素 B_2 缺乏时，病猪厌食，生长缓慢，被毛粗糙无光泽，全身或局部脱毛，皮肤变薄、干燥，出现红色斑疹、鳞屑，甚至溃疡。该病常发生于病猪的鼻端、耳后、下腹部、大腿内侧，初期有黄豆大至指头大的红色丘疹，破溃后形成黑褐色痂。临床上可见呕吐、腹泻、溃疡性结肠炎、肛门黏膜炎以及步态僵硬、行走困难等症状。怀孕母猪缺乏维生素 B_2 容易早产、产死胎或畸形胎；新生仔猪衰弱，有皮下水肿，一般在出生后48h 内死亡。

（3）维生素 B_3（泛酸）缺乏 猪在用全玉米日粮时可自然产生泛酸缺乏症病例；其典型特点是后腿出现踏步动作或成正步走、高抬腿、鹅步，并常伴有眼、鼻周围痂状皮炎、斑块状秃毛，毛色素减退呈灰色，严重者可发生皮肤溃疡、神经变性，并发生惊厥。渗出性鼻黏膜炎可发展到支气管肺炎，肝脂肪变性，腹泻，有时肠道有溃疡、结肠炎，并伴有神经鞘变性。肾上腺有出血性坏死，并伴有虚脱或脱水，低色素性贫血。有时会出现胎儿吸收、畸形、不育。

（4）维生素 B_6 缺乏 病猪厌食，生长缓慢，腹痛，眼周有分泌物，运动失调，呈周期性癫痫样惊厥，昏迷。小红细胞低铬性贫血，血清铁水平升高，骨髓增生，肝脂肪浸润，球蛋白样血蛋白组分升高，血红蛋白、红细胞和淋巴细胞减少。

（5）维生素 B_7（生物素）缺乏 缺乏维生素 B_7 时，表现为耳、颈、肩部、尾巴、皮肤炎症，脱毛，蹄底蹄壳出现裂缝，口腔黏膜炎症、溃疡。

（6）维生素 B_{12} 缺乏 厌食，生长缓慢，产仔数减少，初生重变小，出现神经性障碍，应激增加，运动失调，以及后腿软弱，皮肤粗糙，背部有湿疹样皮炎，偶有局部皮炎，胸腺、脾脏以及肾上腺萎缩，肝脏和舌头常呈现肉芽瘤组织的增殖和肿大，正常红细胞性贫血，嗜中性白细胞计数增加，淋巴细胞计数减少。成年猪繁殖机能紊乱，易发生流产、死胎，胎儿发育不全、畸形。

334 猪维生素 B 族缺乏症的防治措施有哪些?

【预防措施】

1）对饲草饲料的加工、储存及饲喂方法应科学化、合理化，以免造成维生素 B 的过多损失。

2）调整日粮组成，添加复合维生素饲料添加剂，补充富含维生素 B 的全价饲料或青绿饲料。

【治疗措施】 根据缺乏不同的 B 族维生素，应用不同的药物。

1）维生素 B_1 缺乏：按每千克体重 0.25 ~ 0.5mg，采取肌内或静脉注射维生素 B_1，每天 1 次，连用 3 天。也可内服丙硫胺或维生素 B_1 片。肌内注射维生素 B_1 注射液，50 千克以下的猪剂量为 250 ~ 600mg，每天 2 次，连用 3 ~ 5 天。

2）维生素 B_2 缺乏：每吨饲料内补充核黄素 2 ~ 3g，也可采用口服或肌内注射维生素 B_2，每头猪 0.02 ~ 0.03g，每天 1 次，连用 3 ~ 5 天。在治疗的同时饲喂青绿多汁饲料，可促进病猪的康复。

3）维生素 B_3 缺乏：可肌内注射维生素 B_3。对生长阶段的猪，在每千克饲料中加入 11 ~ 13.2mg 维生素 B_3；对繁殖泌乳阶段的猪，在每千克饲料中加入 3.2 ~ 16.5mg 维生素 B_3，能起到很好的预防作用。

4）维生素 B_6 缺乏：每天口服维生素 B_6，按每千克体重 60μg。或饲喂酵母和糠麸。

5）维生素 B_7 缺乏：口服维生素 B_7，按每千克体重 200μg。

6）维生素 B_{12} 缺乏：可肌内注射维生素 B_{12}，维生素 B_{12} 是含有金属元素（钴）的维生素。也可配合注射铁钴针。

335 猪维生素 B 族缺乏症防治的注意事项有哪些?

1）除玉米缺乏烟酸外，B 族维生素广泛存在于青绿饲料、酵母、麸皮、米糠及发芽的种子中。B 族维生素易从水中丧失，很少或几乎不能在体内储存，因此，短期缺乏或不足就足以降低体内相应酶的活性，从而影响机体的代谢过程，危害猪的健康。

2）亚麻饼中含维生素 B_6 的抑制因子，所以如果饲粮中含有亚

猪病诊治

你问我答

麻饼时，应添加维加素 B_6。

3）动物性饲料中特别是鱼粉中含有丰富的 B_{12}，植物饲料中没有。在家畜肠道微生物能合成维生素 B_{12}，所以，粪中富含这种维生素。一般粪就是 B_{12} 的来源，现在集约化猪场，使用漏缝地板圈，必须补加维生素 B_{12}。

第七章
猪中毒病的防治技术

336 猪中毒有哪些分类？

（1）**饲料中毒** 某些饲料中含有硫氰酸脂、硝酸盐、光能剂、棉酚等有毒物质如果直接饲喂或加工、调制不当饲喂，就有可能引起猪中毒。另外，饲喂发霉变质的饲料也能够引起猪中毒。

（2）**植物中毒** 在收获饲料作物的时候一并混入加工的饲料中引起猪的中毒发生，或者误食、采食有毒植物，比如黄花芽根等。

（3）**工业污染及重金属中毒** 工矿厂区的废水、废气、废物或局部地区某些矿物质含量过高，使当地的饲料作物及饮水中一些无机元素，如汞、铅、氟、钼、铬等含量增加，猪采食这些饲料作物或饮水时可引起中毒。

（4）**无机元素中毒** 由于无机元素在土壤或者饮水中浓度过高，被植物吸收再被猪采食引起猪群发性中毒，成为地方病，如硝酸盐中毒等。

（5）**农药及灭鼠药中毒** 农药及灭鼠药大多为剧毒药，如有机氟、有机磷杀虫剂、灭鼠剂、除莠剂等，在灭鼠、毒杀害虫的同时也容易污染饲料，通过食物链导致猪中毒；另外，对相关药物的保管不当也容易引起猪误食，造成中毒。

（6）**药物中毒** 在治疗或预防猪疾病时，如果药物的使用方法不当，用量过大或者给药时间过长都可以引起猪中毒。

（7）**人为投毒** 不法分子蓄意投毒事件也应加强防范。

337 猪中毒病有哪些治疗原则？

猪中毒病的治疗原则基本一致，只要掌握了猪中毒病的基本治疗原则，即使有的地方医疗条件较差，也能做到最大可能缓解猪的病情，将经济损失降到最低。

（1）尽快脱离毒源 尽快离开现场，选择合适的场所或到兽医院救治。

（2）排除毒物

1）催吐。用导管刺激咽喉或服用催吐药。

2）洗胃。根据毒物的性质，选择相应的药物，插入胃管洗胃。

（3）胃内解毒 包括中和解毒、保护性解毒、氧化解毒、吸附解毒、沉淀解毒。

（4）泻下法 一般使用盐类泻剂，如硫酸镁、硫酸钠、人工盐等。

（5）利尿法 常用的利尿剂有速尿、双氢氯噻嗪。双氢氯噻嗪既可肌内注射也可静脉注射，速尿的强利尿作用可能引起机体脱水和低血钾症，要注意补给适量氯化钾。为减轻毒物对尿路的损害和防止引起尿路继发感染，还应注意使用乌洛托品、抗生素，使用乌洛托品时，应配合使用氯化铵酸化尿液。

（6）放血疗法 可使用剪耳、断尾法放血。放血不仅可以除去血中的部分毒物，还具有缓解血液循环障碍和祛瘀生新的功效。

（7）输液治疗 输液既可以促进毒物从肾脏中分泌排出，又可以稀释血液，减轻毒物的危害，还可以补充能量，提高机体的抵抗能力，为肝脏解毒提供必要的物质基础。常用的药物主要是5%葡萄糖溶液，也可根据病情需要，使用维生素C和5%碳酸氢钠溶液。

（8）局部处理 出现中毒时，及时进行局部处理非常重要，它可以避免毒素迅速吸收、蔓延和转移。如毒蛇咬伤时，应就地取材，用布条、绳子、毛巾等紧紧扎住咬伤部位的近心端，局部用针乱刺，尽量挤出水肿液，或用吸筒、拔火罐等工具抽吸出毒液，用1%高锰酸钾溶液冲洗伤口，也可使用3%过氧化氢溶液或胃蛋白酶溶液冲洗，然后涂擦5%碘酊，伤口周围用0.5%～1%普鲁卡因溶液100～

200mL 进行局部封闭。

338 什么是猪食盐中毒？猪食盐中毒的临床症状及病理变化有哪些？

因猪采食食盐过量而产生的中毒病症称为食盐中毒。食盐是动物体必需的营养物质，猪饲料中需要添加适量的盐，一般占日粮干物质的 0.4%～0.5%，大多数养猪户都能正确掌握用量，但因采食含盐分过高的饲料而引起的中毒症时有发生。

⚠ 【注意】 常见的高盐分食物有咸菜、酱渣、盐鱼或过咸的残汤泔水等。猪对食盐比其他家畜敏感，一旦发病，要及时救治。食盐中毒症状重者一般难以治愈，死亡率很高。

【临床症状】 猪食盐中毒时，病猪一般体温正常，表现为极度口渴，口吐白沫，食欲减退，腹痛，不安、兴奋、转圈或前冲，后腿肉痉挛，身体震颤，齿唇不断发生咀嚼运动。眼、口黏膜充血、发红。听觉、视觉出现障碍，刺激无反应，不避障碍，猛顶墙壁，严重时发生癫痫，心跳加快，呼吸困难，昏迷，死亡。轻症耐过者，常要数天或 1～2 周后方能恢复。

【病理变化】 主要有胃肠黏膜充血、出血、水肿，肝脏出血等。特征性病变为脑膜、脑实质嗜酸性白细胞浸润，血管周围间嗜酸性细胞聚集，形成嗜酸性白细胞血管套。

339 猪食盐中毒的防治措施有哪些？

【预防措施】 严格按饲养标准供给食盐，食盐要与饲料充分混合均匀后饲喂。用泔水或酱菜渣等饲喂动物时应计算好用量，同时供给充足的清洁用水。添加鱼粉等含盐分较多的饲料时应提前测定好盐分，防止盐分超标。

【治疗措施】

1）立即停止食用原有的饲料，逐渐补充饮水，要少量多次给，不要一次性暴饮，以免造成组织进一步水肿，病情加剧。

2）可静脉注射 5% 葡萄糖酸钙液或 10% 氯化钙液，以恢复血中一价和二价阳离子的平衡。

第七章 猪中毒病的防治技术

3）可高速静脉注射 25% 山梨醇液或高渗葡萄糖液以缓解脑水肿，降低颅内压。

4）灌服油类泻剂，促进毒物排除，可使用花生油约半斤，一次灌服，连续服 1～2 次。

5）可用安溴注射液 40mL、葡萄糖注射液 60mL、樟脑磺酸钠注射液 4mL 恢复中枢神经的调节机能，缓解呼吸困难。一次混合静脉注射，1 天 1 次，连续 2～3 天可治愈。

6）使用 20% 甘露醇注射液，按每千克体重 4mL，缓慢静脉注射，间隔 12h，重复注射 1 次。以消除脑水肿，降低颅内压，促进血液中钠离子的排除。

7）使用 25% 葡萄糖注射液 500mL，缓慢静脉注射，另外加 10mL 维生素 C。

8）使用溴化钾 5～10g、双氢尿塞 50mg，一次内服以抑制肾小管对钠离子的重吸收作用，使血液中的钠离子平衡地由肾脏排出。

9）10% 葡萄糖酸钙 100～200mL，静脉注射；或用盐酸氯丙嗪注射液，按每千克体重 1～3mg，肌内注射；25% 硫酸镁 10mL，肌内注射；5% 葡萄糖生理盐水加氯化钾，静脉注射。用以镇静镇痉。

10）其他不能应用硫酸钠下泻。在急性中毒开始阶段，严格控制饮水，以免促进食盐的吸收和扩散。病程较深，体温过低者，基本上难以治疗。

340 什么是猪霉败饲料中毒？猪霉败饲料中毒的临床症状有哪些？

猪大量采食霉败变质饲料后会引起急性中毒。若长期少量喂饲这种饲料，也会引起慢性中毒。

【临床症状】 发病初期病猪体温为 40～41℃，具体表现为精神不安，食欲减退，结膜潮红，鼻镜干燥，磨牙，流涎，有时发生呕吐。便秘，排便干而少，后肢行走不稳。病情继续发展，食欲废绝，吞咽困难，腹痛拉稀，粪便腥臭，常带有黏液和血液。病情严重时，病猪卧地不起，失去知觉，呈昏迷状态，心跳加快，呼吸困难，全身痉挛，腹下皮肤出现紫斑。发病后期体温下降。慢性中毒时，食欲减退，消化不良，日渐消瘦，妊娠母猪常出现流产，哺乳母猪乳汁减少或无乳。

341 猪霉败饲料中毒的防治措施有哪些？

要严格禁止用霉败变质饲料喂猪，若饲料发霉较轻而没有腐败变质，经暴晒、加热处理等，可以限量喂给猪。发现猪中毒后要立即停喂霉败饲料，改喂其他饲料，尤其是多喂些青绿多汁饲料。

治疗措施包括排毒、强心补液、对症治疗胃肠炎等措施。

1）用硫酸钠或硫酸镁 30～50g，一次加水内服。

2）用 10%～25% 葡萄糖溶液 200～400mL、维生素 C10～20mL、10% 安钠咖 5～10mL，混合一次静脉或腹腔注射。

3）四环素素按每千克体重 0.01～0.03g，肌内注射，每天 1～2 次。

342 什么是猪黄曲霉毒素中毒？黄曲霉毒素的类型有哪些？

猪黄曲霉毒素中毒是由于猪采食黄曲霉等特定真菌所产生的代谢产物即黄曲霉毒素污染的饲料而引起的一种危害极大的中毒病，是一种严重的人畜共患病。

黄曲霉是广泛存在于自然界中的一种霉菌，通常寄生于玉米、大麦、小麦、花生、豆类、棉籽及鱼粉上，是粮食、饲料中存在的主要真菌之一。黄曲霉毒素能够影响 DNA、RNA 的合成和降解，蛋白质、脂肪的合成和代谢，线粒体代谢以及溶酶体的结构和功能。黄曲霉毒素还具有致癌、致突变和致畸形性。黄曲霉毒素是一大类结构相似的化合物，对人和动物都具有较强的毒性，其中以黄曲霉毒素 B_1、黄曲霉毒素 B_2、黄曲霉毒素 G_1 及黄曲霉毒素 G_2 毒性最强，尤其是黄曲霉毒素 B_1 具有致癌性。猪采食被黄曲霉毒素污染的饲料能够引起以破坏肝脏、血管和中枢神经为主的中毒病。

343 猪黄曲霉毒素中毒的主要临床症状有哪些？

【急性型】 急性型多发于 2～4 月龄的小猪，中毒多在食入被毒素污染的饲料后 1～2 周左右发病，往往未出现明显临床症状就突然死亡。可视黏膜黄染，皮肤发黄或发白。多发于断奶后的仔猪和小

猪，可在运动中突然死亡，或发病后 2 天内死亡。

【亚急性型】 亚急性型为本病的主要类型，临床表现为食欲下降、口渴、粪便干燥呈球状，表面附有黏液或血液。育肥猪、后备猪发病较多，病猪体温正常，精神沉郁，食欲不振，后躯无力，走路摇摆，粪便干燥，直肠出血，有时站立一隅或头抵墙下，黏膜苍白或黄染，皮肤出血和充血。稍后会出现间歇性抽搐，表现兴奋，角弓反张，消瘦，可视黏膜黄染，皮肤发白或发黄，发痒。

【慢性型】 慢性型的多发生于育成猪和成年猪，食欲减退，异嗜，兴奋，发育缓慢，消瘦 眼睑肿胀。出现异嗜癖者，喜吃稀食和青绿饲料，甚至啃食泥、瓦砾，常离群独处，头低垂，弓背，卷腹，粪便干燥。有的也会呈现兴奋不安，冲跳，狂躁。体温正常，黏膜黄染。有的病猪眼、鼻周围皮肤发红，之后渐渐变为蓝色。

344 猪黄曲霉毒素中毒的主要病理变化有哪些？

【急性型】 主要是充血和出血。胸腹腔大出血。全身黏膜、浆膜和皮下肌肉常有针尖状或淤斑状出血。

全身多处肌肉出血，常见于大腿前和肩胛下区的皮下肌肉。胃肠黏膜可见出血斑点，肠内混血呈煤焦油状。肾脏有出血斑点。肝肿大，呈黄褐色，脆弱，表面有出血点。胆囊扩张。心内、外膜常有出血。

【慢性型】 主要是肝硬变、黄色脂肪变性及胸腹腔积液，有时，结肠浆膜呈胶样浸润，肾脏苍白、肿胀，淋巴结充血、水肿。

345 猪黄曲霉毒素中毒的防治措施有哪些？

本病无特效解毒疗法。可以采取排除毒物、解毒保肝、止血、强心等措施。

1）平时饲料中加入适量的水合硅酸铝钠钙活性炭可预防黄曲霉毒素中毒。

2）饲料应放置在通风干燥处，严禁饲喂霉变饲料。

3）发现问题立即停止饲喂可疑霉变饲料，更换新鲜的饲料，同时在饲料中添加维生素 C；病情较重的，静脉注射 10% 葡萄糖生理盐水 250mL，连用 5 天。

4）已被污染的场所可将门窗密闭，每立方米空间用福尔马林25mL、高锰酸钾 2.5g、水 12.5mL 混合熏蒸，用以杀灭霉菌。

5）销毁发霉的饲料。轻微的可用 1%～2% 石灰水浸泡冲洗，或先将饲料磨粉，然后按 1∶3 比例加入清水反复浸泡，直到浸泡的水呈无色为止。

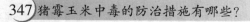

346 猪霉玉米中毒的临床症状及病理变化有哪些？

玉米是家畜的主要能量饲料，如果加工处理不当易滋生大量黄曲霉、赭曲霉、烟曲霉等霉菌。猪吃了这种玉米加工的饲料而引起中毒。一般呈慢性经过。本病在 9～10 月间玉米收割时，尤其是在阴雨连绵年份多见，发病率和死亡率较高。

【临床症状】 饲喂霉变玉米 10 天左右可发病，猪精神沉郁，食欲不振甚至废绝。口渴喜饮水，四肢无力，走路蹒跚，尿混浊色黄，粪便干燥。最突出的表现是神经症状，一眼或两眼视力减退，继而失明；嘴唇麻痹，松弛下垂，舌头伸出不能收回；局部或全身肌肉颤抖；有的开始就高度沉郁，呆立或垂头欲睡；有的一度狂暴，后转沉郁，或沉郁-狂暴-沉郁交替出现。母猪不发情、不受孕，公猪精液活力下降。

【病理变化】 剖检变化主要发生在肝脏，肝脏色黄肿大、质脆，严重的有灰黄色坏死灶，小叶中心出血和间质明显增生，质地变硬，胆囊萎缩，胆汁少而浓。大腿前和肩下区的皮下肌肉内发生出血，其他部位也常见肌肉出血，胃底弥漫性出血，有的出现溃疡，肠道有出血性炎症，胃肠道中有血凝块，肾脏肿胀、苍白或淡黄色，全身淋巴结肿胀、充血，心外膜和心内膜有明显出血，脂肪黄染，有时结肠浆膜呈胶样。

347 猪霉玉米中毒的防治措施有哪些？

【预防措施】

1）应防止玉米在收获前后和储藏过程中发霉，玉米成熟后要及时收获，彻底晒干，通风储藏，避免发霉。对于因环境变化而无法

第七章 猪中毒病的防治技术

晒干（或烘干）的，可使用一些防霉剂，如丙酸剂等。

2）饲料存储的地方要干燥，并且通风要好。在玉米存储过程中要定期检查料库的温度和湿度。料库温度不要超过24℃，相对湿度要在80%以下，防止玉米发热潮湿。

3）一旦发现中毒迹象，应立即停喂霉玉米，改用新鲜饲料。可在饲喂中与其他饲料搭配少量使用。同时最好添加脱霉剂，如霉可脱。

4）霉玉米去毒方法，玉米霉变轻微者，可用3倍重量的清水浸泡玉米一昼夜，再换等量清水浸泡，如此连续换水3~4次，大部分毒素能被清水浸出。然后取出晒干，再作为饲料使用。如用10%石灰水代替清水浸泡，去毒效果更好。

【治疗措施】

1）先用0.1%~0.2%高锰酸钾溶液洗胃。再用防风60g、甘草粉60g、复合维生素B液60mL、蛋氨酸0.5g、维生素C500mL、温水2 000mL，胃管一次灌服。

2）用三磷酸腺苷钠0.075g、10%安钠加注射液10mL，一次肌内注射。

3）静脉注射生理盐水1 500~2 000mL、25%~50%高渗葡萄糖500mL、40%乌洛托品50mL。此为75kg猪的治疗量，用药量可根据猪的体重进行增减，一般连用3天即可。

4）腹腔注射25%葡萄糖100mL、10%安钠咖10mL、5%维生素C 40mL、40%乌洛托品40mL、生理盐水400mL、5%碳酸氢钠20mL。

5）中药治疗。防风15g、甘草30g、绿豆100g，煎汤加白糖60g，灌服。

348 什么是猪酒糟中毒？猪酒糟中毒的临床症状及病理变化有哪些？

饲喂储存不当、时间过久、发酵酸败，甚至霉变的酒糟饲料，酒糟喂量过大或长期单一饲喂引起的中毒为酒糟中毒。

酒糟是酒精生产或酿酒后的副产物。由于酿酒原料的不同，酒糟类别很多，包括各种粮食作物以及一些水果。常见的有玉米酒精糟和啤酒糟。酒糟中毒主要是由于其中所含的乙醇和有机酸中毒。

酒糟酸败会产生大量有机酸、杂醇油等有毒物，这些物质能够引起猪发生以胃肠炎、皮炎和神经系统障碍为特征的中毒病。

【临床症状】 病初表现为消化紊乱，先便秘后拉稀，弓背腹痛；严重时猪狂躁不安、兴奋，步态不稳，眩晕，易跌倒，呼吸迫促，逐渐失去知觉，四肢麻痹，体温下降，卧地不起直至昏迷死亡。部分猪皮肤呈现红肿，出现水疱、溃疡，形成脓肿或皮肤坏死，也可发生口炎、母猪流产等症状。

【病理变化】 咽喉黏膜轻度发炎，食道黏膜充血，胃内容物有乙醇气味和醋味，胃底部充血、出血，胃粘膜较易脱落，胃粘膜表层易剥离，并有小点出血。十二指肠黏膜有小片脱落、小点出血，空肠、回肠和盲肠有淤血斑点，肠道内有血液和微量血块，直肠肿胀，黏膜脱落。胆囊壁肿胀，增大 1 倍左右。心脏及皮下组织有出血斑点。肺水肿和出血。肾脏肿大苍白、质脆、血凝不全。

349 猪酒糟中毒的预防措施有哪些？

1）酒糟不能够饲喂太多，更不能单一长期饲喂，喂量要坚持由少到多，其比例最多不能超过日粮的20%，成年猪开始每天 1~2kg，逐渐增加并搭配其他饲料。仔猪应根据体重减少用量，不能超过其日粮的 8%。

2）在饲喂期间，若猪出现酒糟性皮炎，应立即停止饲喂。

3）妥善储存酒糟，存放时间不宜过长，堆放不宜过厚，要加强日常检查，防止日晒和发酵变质。夏天一次购买不宜太多，保证新鲜，对已发霉变质的酒糟，应果断抛掉废弃，不能再用来饲喂猪。

4）哺乳母猪和种公猪不宜喂酒糟，以免引起流产、死胎、产弱仔及精子畸形等。

350 猪酒糟中毒后应该如何治疗？

1）所有猪暂时停止饲喂酒糟。有食欲的猪内服 5% 生石灰澄清液，每次每头服约 1 000mL，每天服 2 次，直至治愈。

2）肌内注射 10% 安钠咖 5~10mL，或静脉注射 5% 碳酸氢钠

300～500mL，亦可静脉滴注 5% 葡萄糖生理盐水 500～1 000mL。

3）肌内注射维生素 B_1、B_6、C、K_3 注射液各 4～6mL，10% 安钠加 10mL，每天 2 次，直至治愈。

4）内服缓泻剂，如硫酸钠 30g 或植物油 150mL。

5）发生皮炎或皮疹的猪，用 2% 明矾水或 1% 高锰酸钾溶液冲洗；剧痒时，可用 5% 石灰水冲洗或 3% 石炭酸酒精涂抹擦洗。

6）20% 葡萄糖酸钙注射液 25～60mL，静脉注射。

7）5% 水合氯醛钙注射液 10～20mL，静脉注射；也可选用 25% 硫酸镁注射液 10～20mL，静脉注射；盐酸氯丙嗪注射液每千克体重 2mg，肌内注射。

8）加强护理。先将中毒猪放在通风、清洁、干燥畜舍中，用清水冲洗食槽；用 1% 的碳酸氢钠溶液灌肠；对严重的病猪用 25% 葡萄糖 60mL 配合 10% 氢化钙 10mL 静脉注射，同时辅以抗生素药，以防继续感染，用硫酸钠 30～50g 灌服。

351 用啤酒糟饲喂猪应该注意哪些问题？

（1）给量要适宜 鲜啤酒糟喂育肥猪以不超过日粮的 5%、干啤酒糟不超过日粮的 15% 为宜，在饲喂过程中如果啤酒糟中含有不利于消化的杂质，应减少饲喂量，防止育肥猪发生消化不良。

（2）啤酒糟要搭配其他饲料饲喂 啤酒糟中无氮渗出物含量较低，含粗蛋白的品质也较差，且所含的胡萝卜素、维生素 D 和钙质也较低，因此利用啤酒糟喂育肥猪一定要合理搭配玉米、饼粕等其他饲料，并补喂适量的骨粉、贝粉等矿物质饲料和维生素，有条件可饲喂一些青绿饲料，以弥补啤酒糟中所缺乏的营养物质，保证育肥猪快速生长。

（3）选择合理的饲喂方式 啤酒糟容易发热、产酸而发生霉变，因此用啤酒糟喂猪一定要遵循鲜喂的原则，短时间喂不完，可将其晒干备用，还可将其放入水泥池中加水淹泡，使其沉淀发酵，并及时更换清水。

352 什么是猪棉籽饼（粕）中毒？棉酚有何种致病作用？

棉籽粕和棉籽饼中含有棉酚，猪对棉酚最为敏感。长期大量喂饲未经脱毒处理的棉籽粕、棉籽饼或棉叶可引起棉酚蓄积性中毒。

棉籽饼（粕）是一种良好的精料，蛋白质含量较高，但长期多喂未经去毒处理的棉籽粕或棉籽饼时，猪的机体内会蓄积大量棉酚。棉酚中毒能够导致溶血，并毒害心、肝、胃等实质器官，使之发生变性和坏死；由于其在类脂中的易溶性，常蓄积于脑组织内，危害神经系统；棉酚还可作用于血管壁，使其通透性增强，引起水肿和出血。此外，棉酚还可危及生殖系统，使子宫平滑肌发生剧烈收缩，能够引起妊娠母猪流产；使精子减少，受精率降低，并能破坏公猪精细管的功能，造成公猪不育，毒害作用很大。

353 猪棉籽饼（粕）中毒的临床症状及病理变化有哪些？

【临床症状】 一般发病较慢，病程较长，一般 3 ~ 15 天，食欲由减食到停食，精神不振，喜卧阴凉处。大便秘结，被毛粗乱，严重者卧地不起。咬牙，肌肉痉挛，气喘、腹式呼吸。尿粪带血。一般体温正常，有些病例体温升高。母猪常会流产，仔猪常因脱水而死亡。

【病理变化】 许多组织器官弥漫性充血和水肿。心脏扩张，心内、外膜散布点状出血；肝脏肿大、淤血，实质脆弱；肺脏淤血、出血和水肿；气管、支气管充满泡沫状液体；肾肿大，呈点状出血；胸腹腔有大量淡红色的透明渗出液；胃肠黏膜出血。

354 猪棉籽饼（粕）中毒的防治措施有哪些？

【预防措施】

1) 用棉籽饼（粕）饲喂猪一定要限量，并且不能长期单纯饲喂。在饲料搭配上，要适当供给蛋白质、铁、维生素 A 等。

2) 在饲喂棉叶、棉籽饼（粕）之前，必须做脱毒处理。如将棉籽饼（粕）煮沸 1 ~ 2h，或用 1% 氢氧化钙、2% 熟石炭水、2.5% 碳酸氢钠或 0.1% 硫酸亚铁水浸泡一昼夜，然后用清水冲洗 1 ~ 2 次。用发酵法也可解毒。

3) 用未经脱毒处理的棉籽饼（粕）喂猪要限制用量，在母猪的日粮中不超过 5%，生长育肥猪的日粮不超过 10%。

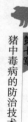

【治疗措施】

1）发现相应中毒症状应立即停喂该饲料，改喂其他饲料。初期可以用0.1%高锰酸钾溶液或3%~5%碳酸氢钠溶液洗胃或灌肠，内服硫酸镁等盐类泻剂，精神不振时可注射咖啡因，同时静脉注射高渗葡萄糖盐水。

2）胃肠炎严重时，可内服消炎、收敛剂，如内服磺胺咪5~10g、鞣酸蛋白2~5g；用安钠咖5~10mL，皮下或肌内注射；用5%葡萄糖盐水注射液300~500mL，静脉注射或腹腔注射。

355 什么是猪菜籽饼（粕）中毒？猪菜籽饼（粕）中毒的临床症状有哪些？

菜籽饼（粕）中蛋白质的含量约为32%~39%，是高粱和玉米的4~5倍，可作为饲料中蛋白质的重要来源。猪大量吃了未经处理、含有各种毒素的菜籽饼，如硫氰酸脂、异硫氰酸酯、唑烷硫酮等引起的中毒称为猪菜籽饼（粕）中毒。

【临床症状】 病猪表现为腹痛、腹泻、粪便带血、食欲减退或不食、口吐白沫，有时出现呕吐现象，排尿次数增多，有时尿中带血。呼吸困难，咳嗽，鼻腔流出泡沫样液体，结膜发绀。严重中毒时，精神极度沉郁，四肢无力，站立不稳，体温下降，耳尖和四肢末端发凉，瞳孔放大，心脏衰弱，最后虚脱而死。

356 猪菜籽饼（粕）中毒的防治措施有哪些？

【预防措施】

在饲用菜籽饼（粕）的地区，应在测定当地所产菜籽饼（粕）的毒性的基础上，严格掌握用量。对孕猪和幼猪，应严加限用或不用，为了安全地饲用菜籽饼（粕），可以采用下列的去毒方法做脱毒处理。

（1）坑埋法 即将菜籽饼（粕）用土埋入一定容积的土坑内，放置2个月后，据测定约可去毒99.8%。

（2）发酵中和法 即将菜籽饼（粕）经过发酵处理，以中和其有毒成分，本方法约可去毒90%以上。

（3）**浸泡法** 将菜籽饼（粕）粉碎，在35℃的温水中浸泡12~24h，倒掉水，再加水煮沸1~2h，边煮边搅，使毒素蒸发。

> ⚠ **【注意】** 菜籽饼（粕）喂量不宜过大，一般不超过饲料总量的10%，在猪饲料中添加5%以下菜籽饼（粕）一般不会引起中毒反应，同时应与其他饲料搭配饲喂。

【治疗措施】

在治疗原则上应采用对症疗法。可先用保护剂，以后用油类泻剂。可用樟脑作为解毒剂。采取强心、补液、缓泻和消炎的综合治疗措施。

1）用0.5%~1%鞣酸洗胃，内服鸡蛋白、豆浆等，肌内注射10%安钠咖5~10mL。

2）用维生素C、维生素K各2~4mL，肌内注射，用甘草60g、绿豆300g，煎后取汁灌服，每天1剂，分2次灌服，连用3~4剂。

357 猪口服盐酸左旋咪唑液中毒的临床症状及治疗方法有哪些？

猪口服盐酸左旋咪唑液驱虫方便、省事、效果好，但使用不当容易发生中毒。

【临床症状】 轻者表现烦躁不安，口渴，易惊，局部或全身肌肉颤抖，步态不稳，肠蠕动增强；重者口吐白沫，肌肉痉挛，卧地不起，瞳孔缩小，大小便失禁，体温正常或偏低，呼吸迫促，很快死亡。

【治疗方法】

1）每头猪皮下注射0.1%盐酸肾上腺素0.8~1mL。

2）用1%硫酸阿托品注射液3~4mL，经1h后症状未见轻者可重复1次。

3）每头猪耳静脉注射5%、10%葡萄糖生理盐水30~50mL，如维生素C 500mg。

4）采取耳尖、尾尖放血等进行综合治疗。

358 口服盐酸左旋咪唑液的使用方法有哪些？

1）5%、10%的口服液，一般按每千克体重8~10mg内服。

2）限水方法。夏季限水 2h；冬季限水 4h 左右，但还要依料型、天气等情况灵活掌握。

3）限料方法。限料是指驱虫前的 1 次供料量占正常喂量的 65%～75%，或直接安排在早上空腹时进行。

4）兑水，并将每猪舍的总用药量 1 次混入。

5）拌料，仔猪拌料量每只 100～200g，生长育肥猪每只 750～900g。

⚠ **【注意】** 投药后要现场检查猪的采食、饮水情况，保证每头猪均等服用；要多次查看，发现中毒症状要及时进行处理。

359 猪马铃薯中毒的发病原因、临床症状及病理变化有哪些？

【发病原因】 马铃薯又称土豆或洋山芋，马铃薯中含有一种生物碱叫做龙葵碱。正常情况下马铃薯含龙葵碱较少，每 100g 马铃薯含龙葵碱仅 5～10mg。随着储藏时间逐渐增加，发芽或部分变绿时，其中的龙葵碱大量增加，发芽马铃薯中龙葵碱含量每 100g 激增至 25～80mg，甚至高达 430mg 以上。所以大量饲喂未成熟或发芽马铃薯可引起猪的急性中毒。

【临床症状】

（1）急性中毒 一般在饲喂后数十分钟至数小时发病。先有咽喉及口内刺痒或灼热感，继有恶心、呕吐、腹痛、腹泻等症状。轻者 1～2 天自愈；重者剧烈呕吐，血压下降；严重中毒患者有昏迷及抽搐症状，最后因呼吸中枢麻痹而死亡。

（2）慢性中毒 一般以胃肠炎症状为主。初期食欲减少或不食，流涎，呕吐，腹痛，腹胀；随后出现剧烈腹泻，粪便混有黏液和血液，少尿或无尿。体温升高。猪的下腹部往往出现湿疹和皮炎。

【病理变化】 死猪尸僵不全，血液呈暗红色，凝固不良。胃肠黏膜出血及脱落。脑部充血、水肿。肝和脾肿大、出血。

360 猪马铃薯中毒的防治措施有哪些？

【预防措施】 马铃薯应储藏在低温、无阳光照射的地方，防止生芽。不要饲喂未成熟青紫皮和发芽的马铃薯。生芽较少的马铃薯应挖去芽的芽眼，并将芽眼周围的皮削掉一部分，浸泡半小时以上，倒去浸泡水，再加水煮透，倒掉汤汁才可喂猪。在煮马铃薯时可加些米醋，龙葵碱遇醋酸便可分解，变为无毒物质。

【治疗措施】 发现猪中毒后应立即用1:5 000高锰酸钾或0.5%鞣酸或浓茶洗胃。补充液体纠正失水。呼吸困难时积极给氧并应用适量呼吸兴奋剂。呼吸中枢麻痹可采用人工呼吸。

361 什么是猪氢氰酸中毒？猪氢氰酸中毒的临床症状及病理变化有哪些？

猪氢氰酸中毒是由于猪采食了富含氰苷的某些植物（如苦杏仁、桃仁、枇杷仁、樱桃仁、亚麻叶、亚麻子饼、木薯以及高粱和玉米的幼苗、三叶草、南瓜藤等，特别是高粱、玉米收割后的再生苗或涝雨、霜冻后的幼苗，氰苷含量更高），氰苷化合物在胃内酸性环境和酶的作用下，可产生游离的氢氰酸，氢氰酸有剧毒，可迅速通过消化道和呼吸道被吸收，从而使猪中毒。或因为误服了氰化物而引起中毒。

【临床症状】 氢氰酸量大时，则中毒症状很快出现，病猪呼吸急促、伸颈、张嘴、瞳孔放大、流涎、腹部有痛感、时起时卧，有时呈犬坐姿势，有时旋转呕吐。可视黏膜鲜红，皮肤发红。病猪很快由兴奋转为抑制，呼出气有苦杏仁味。继之全身极度衰弱无力，行走不稳，或卧地不起，体温下降。严重者很快失去知觉，后肢麻痹，眼球突出，瞳孔散大，呼吸微弱，脉搏细弱，四肢强直痉挛，牙关紧闭。昏迷后头颈向一侧腹下弯曲，最终呼吸麻痹而死。重度中毒者从发病到死亡一般数分钟，不超过半小时。

【病理变化】 血液凝固不良，呈鲜红色。胃内充满含苦杏仁味的气体，胃肠黏膜、浆膜充血、出血。肺水肿、充血。尸体不易发生腐败。

第七章 猪中毒病的防治技术

362 猪氢氰酸中毒的防治措施有哪些？

（1）静脉注射美蓝 用1%~2%美蓝溶液，按每千克体重1mL，静脉注射。

（2）早期洗胃 用1:2 000高锰酸钾溶液或0.03%过氧化氢溶

液进行彻底洗胃。也可内服 10% 硫代硫酸钠溶液或 1% 硫酸亚铁溶液。

（3）避免虚脱 可用 2%～3% 亚硝酸钠水溶液 10mL，静脉缓慢注入。用药时应备 0.1% 盐酸肾上腺素，以便突然虚脱时应用。亚硝酸钠注入后，再用现配制的 10% 硫代硫酸钠溶液 20～30mL 缓缓注入静脉。

（4）对症治疗 如大量吸入氧气，静脉注入葡萄糖液、生理盐水，或注射维生素 C 等。

363 什么是猪亚硝酸盐中毒？猪亚硝酸盐中毒的发病原因有哪些？

青绿饲料如白菜、菠菜、萝卜叶和芥菜叶等青菜类都有含量不等的硝酸盐，在适当的条件下，硝酸盐可以还原为亚硝酸盐，当猪食入一定量亚硝酸盐时会引起中毒。

【发病原因】 在调制饲料时，蒸煮青菜类不煮开过夜，或煮开后立即捞出倒进另一缸里加盖闷熟，温度在 50℃ 左右都能产生亚硝酸盐。浸泡或蒸煮饲料的水里也含有大量的亚硝酸盐，用以喂猪都能造成中毒。

364 猪亚硝酸盐中毒的临床症状及病理变化有哪些？

【临床症状】 发病时间常在饲喂后 30min 左右，突然不安，有的呕吐，流涎，呼吸困难，走路摇晃，全身震颤，结膜苍白，黑猪的鼻镜乌青，白猪的鼻镜灰白，耳及四肢末梢冰凉。严重的很快倒地死亡，也有的拖延 1～2h 死亡。常按喂饲时间先后发病，先喂的先发病，吃的多的先发病。

【病理变化】 可见尸体腹胀，皮肤和可见黏膜呈灰紫色，全身血管扩张，肝淤血、肿大，胃肠黏膜多有充血。必要时可做亚硝酸盐和血液高铁血红蛋白的检验。

365 猪亚硝酸盐中毒的防治措施有哪些？

（1）青料应鲜喂 这样可保持里边原有大量维生素不受损失。

储藏时应用青贮的方法，不要蒸煮。必须煮熟时，应使用大火烧开，揭开锅盖，不要闷在锅里过夜。不喂长期堆积发热腐烂的青饲料，不喂发黄的菜叶。在煮青料时加入少量食醋，即可以杀菌，又能分解亚硝酸盐。接近收割青料时，切勿施用氮肥。

（2）静脉注射美蓝 可静脉注射1%～2%美蓝溶液，用量为每千克体重1mL。若无美蓝，可用5%甲苯胺蓝注射液，按每千克体重5mg，静脉、肌内或腹腔注射，也有很好的疗效。

（3）强心补液 可静脉注射10%葡萄糖溶液，大猪每次300～500mL，小猪200～300mL；皮下或肌内注射10%安钠咖溶液，大猪每次5～10mL，小猪3～5mL。

（4）放血疗法 耳部或尾静脉放血50～100mL。

（5）土方疗法 绿豆0.5kg磨浆，加菜油20g内服。食醋20～30g加适量水内服。

366 猪有机磷农药中毒的发病原因、临床症状及病理变化有哪些？

【发病原因】 有机磷类农药杀虫效果好、品种多、应用范围较广，对防治农作物病虫害具有重要作用，但它的毒性也很大，使用不当往往引起人畜中毒。使用敌百虫或敌敌畏等有机磷制剂驱除猪体内外寄生虫时，用量不当，或猪采食了喷洒农药不久的蔬菜、瓜果等下脚料及污染过的草都能引起中毒。

【临床症状】 大量流涎，口吐白沫，兴奋不安，有的流鼻液及泪液，眼结膜高度充血，瞳孔缩小，分泌物增多，腹泻，磨牙，肌肉震颤。病情严重时，呼吸困难，四肢软弱，行走不便，卧地不起。若不及时抢救，常会发生肺水肿而窒息死亡。

【病理变化】 胃肠黏膜充血、出血、肿胀、脱落。肝、肾、脾肿大。肺充血、肿大。

367 猪有机磷农药中毒的治疗方法有哪些？

（1）绿豆水灌服 绿豆1kg、甘草300g，加水适量水煎，候温灌服，这是大猪的用量，小猪酌减。每天2次，2～4次即愈。

（2）**麻油灌服**　麻油150～200mL一次灌服，小猪酌减，病情严重者，重复灌服1次，一般在半小时后即可见效。

（3）**催吐**　一般用于有机磷等农药中毒。可皮下注射催吐剂藜芦碱0.01～0.03g，或口服酒石酸锑钾1～2g。如无催吐剂，亦可用木棍、胶管轻触病猪的咽喉黏膜，致其呕吐。

（4）**洗胃**　如果毒物已进入猪体4～6h，就应进行洗胃。有机磷农药中毒，可选用1%～5%碳酸氢钠溶液。洗胃要反复冲洗，直至洗出的水变清为止。

⚠️ **【注意】**　腐蚀性药物中毒不宜洗胃，以免引起胃穿孔。

（5）**泻下**　若毒物已进入肠道，应给服泻药。一般应选用盐类泻剂，常用的盐类泻剂有硫酸钠、硫酸镁等。

（6）**使用解毒剂**　若毒物进入血液，以上解毒方法均难奏效，必须使用解毒剂。有机磷农药中毒，可注射阿托品或解磷啶；碱性物质中毒，可用稀盐酸或食醋中和解毒。

（7）**采用放血疗法**　如果中毒时间较长、毒物已经大量进入血液，在使用解毒剂的同时，可采用静脉放血的办法解救，每次放血量为300～400mL。另外，采取输液、给予大量饮水等办法，促使猪排尿和出汗，亦可缓解中毒症状。

368 猪有机氯农药中毒的临床症状及病理变化有哪些？

应用有机氯制剂治疗猪体内外寄生虫时，如果用药不当或过量；猪误食被农药污染的饲料、饮水，都可引起中毒。

【临床症状】　急性中毒表现为神经症状，全身无力，走路不稳，易兴奋，呕吐、腹痛，高热，肌肉强直性抽搐，严重的可出现昏迷。急性中毒较严重的可在中毒后1～2天内死亡。慢性中毒者初期往往精神不振，食欲减少，逐渐消瘦，多不明显；当农药在体内蓄积到中毒量时可引起猪突然发病，表现为肌肉震颤，四肢活动不灵活，全身虚弱无力；后期可出现循环衰竭，体温升高，呼吸困难等症状。

【病理变化】　体表淋巴结肿大。胃、肠道出血。肝脏淤血、水肿，肝小叶坏死。肾小球出血、红肿。

369 猪有机氯农药中毒的防治措施有哪些？

1）用有机氯农药进行体外驱虫时，应严格掌握用量、用法，以防中毒。

2）若经皮肤吸收中毒，可用温水、0.1%高锰酸钾溶液清洗皮肤。皮肤发炎时，可涂抹氧化锌膏或其他消炎软膏。

3）若经口腔食入中毒，可用温水或2%碳酸氢钠溶液洗胃，或用生理盐水洗胃，待胃内容物排出后，用盐类泻剂和硫酸钠或硫酸镁30~40g，加活性炭，胃管投服缓泻。禁用油类泻剂，因为油类易溶解有机氯，促进其吸收。

370 猪砷制剂中毒的临床症状及诊断要点有哪些？

【临床症状】

1）出现急性胃肠炎症状，呕吐，水样腹泻，粪中含黏液、血液及脱落的黏膜碎片，引起循环衰竭，导致死亡。

2）出现神经症状，兴奋不安、惊厥、阵发性痉挛，最后呼吸中枢麻痹而死亡。还有眼结膜呈淡红色，瞳孔散大，齿龈呈暗黑色的特殊症状。

【诊断要点】

1）猪吃食以后，数分钟至数小时后，突然出现典型的急性胃肠炎症状即上吐下泻，而且眼结膜呈淡红色，齿龈呈暗黑色。

2）死后剖开胸腹腔时，可嗅到一股大蒜臭味。

以上两点即可初步诊断为砷化物中毒。确诊则需将病猪呕吐物或胃内容物送有关部门进行检测。

371 猪砷制剂中毒的治疗方法有哪些？

1）在未拿到解药之前，先用2%氧化镁溶液洗胃，并给猪内服牛奶200~300mL或新鲜鸡蛋清10~15个，以缓和病情。

2）4%硫酸亚铁溶液、6%氧化镁溶液各25~50mL，现配现用，内服，每隔4h 1次。

3）特效解毒药二巯基丙醇、二巯基丁二酸钠。但必须早治，按

每千克体重 2.5~5mg，深部肌内注射，每 4h 注射 1 次。如用二巯基丙醇，应每 2h 注射 1 次，连续注射 4~5 次后，根据病情，改每天注射 3~4 次，直到痊愈为止。

4）为防止因为脱水而引起循环衰竭，可采用腹腔注射或静脉注射 5% 葡萄糖氯化钠注射液 100~500mL、维生素 C 5~10mL。根据脱水和心跳情况，要每天注射 1~2 次。

5）用茶叶 15g、去壳绿豆 250g、白扁豆 15g、甘草 15g，混合研末，凉水冲后灌服。

372 猪汞制剂中毒的发病原因、临床症状及诊断要点有哪些？

常见的汞制剂有氯化汞、赛力散、西力生等。氯化汞常作为杀虫剂；赛力散由醋酸苯汞与滑石粉混合而成；西力生又称氯化乙基汞。

【发病原因】 猪误食了用赛力散、西力生处理过的种子，或汞制剂（汞软膏）被猪舔食，能够引起中毒。

【临床症状】 病猪剧烈腹痛、腹泻，粪便中带有血液。呕吐，呕吐物中混有黏膜碎片和血液。初期多尿，后期少尿、尿血，最后闭尿。由于汞的刺激作用，可引起口腔黏膜肿胀、齿龈红肿、出血、牙齿松动、容易脱落。最后心力衰竭，体温下降，呼吸困难，虚脱而死。

【诊断要点】 根据动物与汞制剂或汞蒸气的接触史，结合典型的临床症状和病理变化，即可进行初步诊断。可疑饲草料、胃内容物、尿液、肾脏、肝脏等样品汞含量的测定，可为本病的诊断提供依据。一般认为，饲料和动物组织中汞含量应低于 1mg/kg。

373 猪汞制剂中毒的防治措施有哪些？

【预防措施】

1）对于汞制剂要严格管理、标明标签，以免误食。严格防止工业生产中汞的挥发和流失，从严治理工业"三废"带来的环境汞污染。

2）不要用喷洒有砷和汞制剂的作物来喂猪。

3）不要用有污染的水来调制饲料或用作饮水。

4）用汞制剂治疗时，应严格控制剂量。

【治疗措施】

1）灌服牛奶、蛋白、豆浆等，促使未吸收的汞沉淀。

2）用5%的次亚硫酸钠溶液洗胃，将高价汞变为低价汞。

3）口服或注射硫代硫酸钠，使形成无毒的硫化汞。

4）肌内注射5%～10%的二疏基丙醇溶液，每千克体重用量为1mg，按5%～10%比例溶解于油内，深部肌内注射。

5）对症疗法，注射葡萄糖、强心剂、中枢神经兴奋药等。

374 猪氟及氟化物中毒的发病原因、临床症状及治疗方法有哪些？

【发病原因】 猪的急性氟中毒是由于一次性摄入大量可溶性氟化物引起的，如用氟化钠给猪驱虫用量过大等；猪的慢性氟中毒是因长期摄入含有氟化物的饮水或饲料所引起的以胃、牙齿病变为特征的中毒现象。

【临床症状】 猪食入氟及氟化物后，45min内出现中毒症状。病猪表现为大量流涎，口吐白沫，病猪兴奋不安，有的流鼻液及泪液，眼结膜高度充血，瞳孔缩小，分泌物增多，体温升高，呼吸、心跳加快，不断腹泻、磨牙、肌肉震颤，病情加重时，呼吸困难，四肢软弱，行走不便，卧地不起。若不及时抢救，常会发生肺水肿而窒息死亡。

【治疗方法】

1）用0.5%～1%鞣酸洗胃，内服鸡蛋白、豆浆等，注射10%安钠咖（5～10mL）等强心剂。

2）用0.1%～1%单宁洗胃，内服牛奶、豆浆等。

3）急性氟中毒的病例可以用3%过氧化氢溶液洗胃。或内服稀盐酸，一次注射维生素C、A、D等。

375 什么是白猪光过敏性物质中毒？白猪光过敏性物质中毒的临床症状有哪些？

凡长期大量饲喂含有感光物质多的荞麦、红三叶草、苜蓿、燕

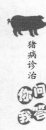

麦、多年生黑麦草等植物饲料后，经过日光照射白猪体表，就会引起感光过敏病，可使白色猪的皮肤发生红斑和皮炎，这类疾病就称为光过敏性物质中毒。特别是在炎热的夏天日光直射时，更会加重过敏反应症状。

【临床症状】 表现为皮炎、湿疹，皮肤发红、出血。病灶多发生在日光能够照射到的无色素的皮肤，如头、颈、背、腹上部出现手指甲大小的红斑、肿胀，两三天后红斑逐渐变为黄色脓疱。猪皮肤奇痒，常靠圈墙摩擦，脓疱破裂流出黏稠性分泌物，露出鲜红色肉芽面。分泌物干后，患部结痂。如能及时治疗，1周左右痂皮脱落痊愈。见彩图 7-1 和彩图 7-2。

376 白猪光过敏性物质中毒的防治措施有哪些？

1）停喂含有感光物质的苜蓿饲草（有色素的猪不用停喂），把病猪赶到能遮阳的地方饲养，保持栏圈清洁干燥、猪体卫生。

2）灌服植物油 50～100mL、人工盐 30～50g，以清除猪胃肠内的效应物质。

3）皮肤患部涂擦碘酊或紫药水，每天 2 次，连涂 2～3 天。病重猪用盐酸苯海拉明 40～60mg，肌内注射，每 12h 注射 1 次，或用扑尔敏注射液 10～20mg，肌内注射，隔 12h 后再注射 1 次。

377 猪铜中毒的临床症状有哪些？

铜中毒包括一次性意外吃入大量铜盐引起的急性中毒和经常性食入少量铜盐而造成的慢性中毒。

（1）急性中毒 由于猪短期内摄入大量高浓度铜引起的。猪误吃了以硫酸铜、碳酸铜、次醋酸铜、氯化铜、氧化亚铜、硝酸铜为原料制作的杀虫剂、浸种剂、驱虫剂、灭螺剂、木材防腐剂等，可发生急性中毒。一般急性中毒多发生于食欲旺盛的猪，病猪主要症状为呕吐、腹痛、腹泻，后呈水样腹泻，粪便多呈黄绿色或蓝色，并混有黏液，有强烈渴感，体温升高，严重时可因心跳过快、抽搐、麻痹虚脱而死。

（2）慢性中毒 猪由于长期摄取少量铜而引起的。病猪表现为精神不振，厌食，皮肤发红，肛门红肿，体温升高，大便黑色干燥，有的粪便有白色薄膜样黏液。随着病情发展，病猪结膜苍白，食欲减退，心跳减弱，呼吸困难，张口喘气，喜卧而不站立，肌肉无力，行走蹒跚，少尿或无尿，耳、四肢、腹部、臀部皮肤发紫，严重时全身发紫。后期病猪不食，心力衰竭，肌肉痉挛，体温降低，最终昏迷、惊厥或麻痹而死。

⚠️ 【注意】 猪日粮中铜的含量长期超过 250mg/kg，可造成铜中毒，大于 500mg/kg 可致死。

378 猪铜中毒的病理变化有哪些？

（1）急性中毒 病例多数表现为肠胃变化。胃底黏膜严重出血、溃疡、糜烂、甚至死亡；十二指肠、空肠、回肠、结肠黏膜脱落坏死，十二指肠前段多覆盖一层黑绿色薄膜，大肠充满栗状粪便，回肠、盲肠基部有蜂窝状溃疡。

（2）慢性中毒 多表现为黄疸，肝肿胀、出血，肝脂肪变性。肾肿大、充血，皮质有斑点。心肌呈纤维性病变。脾脏肿大。肺部水肿。血液稀薄。肌肉色变淡。

379 猪铜中毒的防治措施有哪些？

【预防措施】

1）妥善保管以铜盐为原料的药剂，防止猪误食，在使用中被污染的饲料和饮水均不能喂猪。铜矿和冶铜厂附近受到污染的水和饲料也不能喂猪。

2）一般仔猪饲料中应保持铜含量 125～200mg/kg；为了预防猪铜中毒，在饲料中可适当添加铁和锌元素，使猪体内铜、铁、锌 3 种元素保持平衡，可预防猪铜中毒。锌和铁分别按每千克 130mg 添加，也可添加适量的硒。

3）在含铜饲料中同时添加腐殖酸、茶多酚等功能饲料添加剂，既可防止猪铜中毒，又能促进猪生长，提高猪抗病力、免疫力。

【治疗措施】

1）如诊断为铜中毒时，应立即更换饲料，并在饲料中添加亚硒

酸钠、维生素 E 粉、维生素 K 粉、复合维生素 B、铁剂，让猪自由饮用含有 0.1% 维生素 C、10% 糖的水。

2）中毒严重的病猪采用 0.2% ~ 0.3% 亚铁氰化钾溶液洗胃，也可用氧化镁内服，每次 10 ~ 20g，后灌服 5 ~ 8 个鸡蛋清，连用 2 ~ 3 天。

3）病猪每天喂服雷尼替丁 20 片，连服 5 ~ 7 天，同时在饲料中加入 0.1% ~ 0.2% 的苏打粉，用以缓解和治疗胃肠溃疡。

4）用鲜凤尾草、车前草各等量，水煎后代替常水给猪自由饮用，连续 3 ~ 4 天。

380 猪黑斑病甘薯中毒的临床症状及病理变化有哪些?

甘薯又名红薯（地瓜），猪采食大量患有黑斑病或软腐病、象皮虫病的病甘薯、苗床腐败的残甘薯、含有黑斑病的甘薯的加工后残渣，都能引起以急性肺水肿、间质性气肿以及严重呼吸困难为主要特征的中毒病。

【临床症状】 小猪中毒后，发病较急，不食，腹部膨胀，精神沉郁，呼吸高度困难，呼吸次数可达每分钟 90 ~ 120 次，后期发生气喘。腹部膨胀，胃肠蠕动停止，便秘或下痢。运动障碍，步态不稳。约 1 周后，食欲逐渐恢复而康复。重症者，四肢、耳尖厥冷，皮温不正常，出现神经症状，眼反射消失，或用嘴拱地，或头顶墙，盲目前进，最后倒地而死。中毒轻的症状在经过 2 ~ 3h 后会自然减轻，1 ~ 2 天恢复食欲。

【病理变化】 血液呈紫黑色，肺气肿、水肿、质脆，心脏扩大、出血，肝、肾、脾出血，胃肠发生出血性炎症。

381 猪黑斑病甘薯中毒的防治措施有哪些?

1）应做到不用变黑、变苦的病甘薯喂猪，如实在需要用病薯作饲料时，必须将病变部分全部切除，洗净后再用。切除的病变部分、苗床、地头的烂甘薯全部深埋、烧掉或堆积发酵，以防止猪误食。

2）猪误食后，应迅速采取措施让猪排出毒物、缓解猪呼吸困难，以及采取对症疗法。

① 排出毒物，可用1%高锰酸钾溶液或1%过氧化氢溶液洗胃，然后灌服硫酸钠25~50g，或其他泻剂，以促进毒物排出。

② 缓解呼吸困难，可用5%~20%硫代硫酸钠注射液20~50mL，同时加入适量维生素C，静脉注射。肺水肿严重的可采用高渗葡萄糖，加入10%氯化钙、20%苯甲酸钠咖啡因，混合静脉注射。

③ 可用5%碳酸氢钠溶液250~500mL，一次静脉注射；胰岛素注射液150单位，一次皮下注射。

④ 改善心脏功能，可选用安钠咖、樟脑磺酸钠注射液或樟脑注射液。

⑤ 用豆浆、甘草、金银花（后二者煎汤），一次内服。

⑥ 中药治疗。可采用甘草30g、贯众30g，煎服，1天2次，连服3天，初期用。

⑦ 生绿豆（去壳）250g、甘草30g，共为末，加蜂蜜2g，一次内服。

382 猪土霉素中毒的临床症状有哪些？如何进行鉴别诊断？

土霉素是兽医常用药物之一，通常副作用较小，但如一次用量太大或长时间持续应用会引起中毒。

【临床症状】 多在用药几分钟后即表现症状。内服中毒后出现呕吐、腹泻、结膜黄染，有的发生昏睡，全身肌肉松弛，伏卧不安，耳尖发冷，心跳增快。注射中毒猪狂躁不安，全身痉挛，肌肉震颤；之后四肢站立如木马状，张口呼吸，口吐大量泡沫，结膜潮红，瞳孔散大，反射消失，心跳次数120~140次/min。

【诊断】 对可疑药物取0.5mg，加硫酸2mL，如为土霉素可显朱红色。同时要注意本病与食盐中毒、猪传染性脑脊髓炎、猪破伤风的鉴别。

383 猪土霉素中毒的防治措施有哪些？

【预防措施】 在应用土霉素时应严格按照规定剂量使用，不宜长期应用，如需内服时应与饲料混合，以免刺激胃和发生二重感染。如必须服用时应配合维生素B，不能与碱性药物同时服用，以免形成复合物失效。如已发生中毒，应及时抢救治疗。

第七章 猪中毒病的防治技术

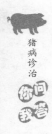

【治疗措施】

1）内服中毒，用1%～2%碳酸氢钠液200～500mL、硫酸钠20～50g，灌服。并用含糖盐水200～500mL、5%碳酸氢钠20～50mL，静脉注射，以减轻其毒副作用并促进其排泄。注射中毒，用5%碳酸氢钠50～300mL、含糖盐水500～1 000mL、樟脑磺酸钠5～10mL，静脉注射。

2）如有过敏反应，用盐酸苯海拉明0.02～0.05g，皮注；或用0.1%肾上腺素1～3mL，皮注，50kg体重的用量。

> ⚠ **【注意】** 猪土霉素中毒致死量为每天口服1次，0.5g/次，连续用5g，或深部肌内注射土霉素，按每千克体重100国际单位。

384 猪磷化锌中毒的发病原因、临床症状及病理变化有哪些？

【发病原因】 磷化锌是使用时间较长的速效灭鼠药和熏蒸杀虫剂，纯品是暗灰色带光泽的结晶，有类似大蒜的气味，常同食物配制成毒饵使用。动物常因摄入该诱饵而发生磷化锌中毒。磷化锌露置于空气中，会散发出磷化氢气体。在酸性溶液中则散发更快，散发出来的磷化氢气体有剧毒，不仅可毒杀鼠类，而且也对人和动物有毒害作用。据测定，其对各种动物的口服致死量，按每千克体重计算，一般都在20～40mg之间。

【临床症状】 精神萎靡、食欲减少，发生呕吐和腹痛，其呕吐物有蒜臭味，在暗处有磷光，同时有腹泻，粪便混有血液，在暗处也见发磷光，患病猪迅速衰弱，黏膜呈黄色，尿色发黄，并出现蛋白尿，粪便带灰黄色。重症者很快死亡，一般2～3天后，病猪极度衰竭，黏膜发绀，抽搐，最后在昏迷状态下死亡。

【病理变化】 切开胃散发带有蒜味的特异臭气。将其内容物移置在暗处时，可见有磷光。尸体的静脉扩张，微血管受损。胃肠道充血、出血，肠黏膜脱落。肝、肾淤血、混浊、肿胀。肺间质水肿，气管内充满泡沫状液体。

385 猪磷化锌中毒的防治措施有哪些？

【预防措施】 加强对磷化锌灭鼠药的保管和使用，杜绝敞露、散失等一切漏误事故。凡制订和实施灭鼠计划时，均需在设法提高对鼠类的杀灭功效的同时，确保人和动物的安全。提防人为投毒。

【治疗措施】

1）洗胃。如能早期发现，可用5%碳酸氢钠溶液洗胃，以阻止磷化锌转化为磷化氢。

2）催吐。灌服0.5%～1%硫酸铜溶液，并与磷化锌形成不溶性的磷化铜，从而阻滞吸收而降低毒性。

3）减毒。灌服0.1%～0.5%高锰酸钾溶液，使磷化锌氧化成磷酸酐而失去毒性。

4）排出毒物。内服硫酸钠（镁），以促使毒物排出，并结合强心、利尿、补糖、输液等支持疗法。

386 猪铅中毒的临床症状及病理变化有哪些？

【临床症状】 猪多因长期应用铅制食槽、饮水器或误食被铅污染的饲料或饮水引起中毒。

表现为胃肠炎，步态失调，腹部和耳部皮肤有暗紫色斑，齿龈有蓝色铅线等。

【病理变化】 死亡的病猪可见有胃炎，大脑皮层严重充血和斑点状出血。

387 猪铅中毒的防治措施有哪些？

1）加强对铅矿、铅冶炼企业"三废"污染的治理。不要在铅矿、铅冶炼企业周围建养殖场，不要饲喂被含铅农药污染的饲料。

2）避免长期使用铅制的饲槽、水槽。妥善管理含铅制品，避免猪误食。

3）发现铅中毒，立即切断毒源，将猪转移到低铅地区。

4）缓慢静脉注射20%乙地酸钙钠注射液5～10mL，每天1～2次，连用3～4天后，应停药3～4天，然后酌情使用。

5）用1%硫酸钠或硫酸镁溶液洗胃或灌服，促进胃肠道的铅排出，并用10%葡萄糖酸钙静脉注射。也可用乳酸钙灌服。

388 常用的特效解毒药有哪些，对应病症是什么？

猪常用的特效解毒药及对应病症见表 7-1。

表 7-1　特效解毒药及对应病症

中毒病		药物
猪亚硝酸盐中毒		1%～2%美蓝溶液、甲苯胺蓝
猪氢氰酸中毒		0.1%亚硝酸钠溶液、1%～2%美蓝、硫代硫酸钠
猪有机磷中毒		1%硫酸阿托品、解磷定、氯解磷、双解磷（TMB4）、双复磷
猪重金属盐中毒（汞中毒、铜中毒、铅中毒）		二巯基丙醇、乙地酸钙钠
猪有机氟中毒		乙酰胺
猪尿素（氨）中毒		食醋、1%醋酸
动物毒中毒	猪蛇毒中毒	季德胜蛇药、南通蛇药、群生蛇药、上海蛇药等，中药独角莲
	猪蜂毒中毒	苯海拉明、氢泼尼松
猪肉毒梭菌毒素中毒		同型的抗毒素

389 常用的对症治疗药物有哪些？

猪中毒病对症治疗药物见表 7-2。

表 7-2　中毒病对症治疗药物表

中毒症状		药物
强心补液		安钠咖、强尔心、右旋糖酐
保护肝脏		葡萄糖和维生素 C
兴奋呼吸		尼可刹米注射液、戊四氮
解除酸中毒		碳酸氢钠溶液
其他措施	流涎	阿托品
	疝痛	安乃近
	惊厥时	硫酸镁、氯丙嗪、水合氯醛
	颅内压升高	甘露醇、山梨醇、高渗葡萄糖
	消化障碍	盐类泻药清理胃肠道

常用于猪解毒的中药及配方见表 7-3。

表 7-3　常用于猪解毒的中药及配方

中 毒 病	中 药 配 方
猪食盐中毒	取茶叶 30g、菊花 300g，煎汁灌服，每天 2 次，连用 3~4 天
猪亚硝酸盐中毒	取石灰水上清液 250mL、大蒜 2 个、雄黄 30g、鸡蛋 2 个、碳酸氢钠 45g，先将大蒜捣碎，加入其他各药，混合后分 2 次灌服，疗效显著
猪霉玉米中毒	取防风 150g、甘草 30g、绿豆 100g，煎汁后加白糖 60g 灌服
猪马铃薯中毒	取金银花 20g、明矾、甘草各 30g，煎汁，凉至温热时加蜂蜜 30g 灌服
猪有毒牧草中毒	板蓝根 200g，贯众、甘草、青黛各 50g，以上药物混合后研末，一次取 50g，开水冲服，1~2 剂即可
猪氰化物及苦杏仁（氰甙）中毒	可用绿豆粉、金银花煎水内服
猪黑斑病甘薯中毒	可用蒲公英、硫酸镁捣碎灌服，或用绿豆、甘草、金银花煎水内服
猪霉变饲料中毒	可用防风、甘草、绿豆汤、白糖灌服
猪棉籽饼中毒	可用绿豆粉、碳酸氢钠，水煎灌服，或用鸭蛋清、滑石粉末置于泔水中调匀灌服
猪砷中毒	可用白扁豆、甘草、茶叶、绿豆研成细末后，用凉水冲服，也可将防风研末后，用凉水冲服

第七章　猪中毒病的防治技术

附　　录

附录 A　常见疾病的鉴别诊断

附表 A-1　猪繁殖与呼吸综合征、猪瘟、猪肺疫、猪传染性胸膜肺炎、猪气喘病的鉴别诊断

病名	猪繁殖与呼吸综合征	猪　瘟	猪肺疫	猪传染性胸膜肺炎	猪气喘病
病原	病毒	病毒	巴氏杆菌	放线杆菌	支原体
症状	呼吸困难，部分母猪出现流产、产死胎或弱胎	呼吸困难，部分母猪出现流产、产死胎或弱胎，所产仔猪断奶前暴发典型猪瘟，或断奶后出现腹泻、神经症状	呼吸困难，呈犬坐姿势，咽喉肿胀	呼吸困难，口流黏液	气喘每分钟可达 70~100 次，咳嗽
病变		淋巴结肿胀、出血，盲肠、结肠及回盲口处黏膜上形成扣状溃疡，出现麻雀卵肾，脾脏边缘梗死等	肺呈现纤维素性胸膜肺炎病变	肺呈现纤维素性胸膜肺炎病变	多为局灶性间质性肺炎，常与猪繁殖与呼吸综合征发生混合感染

附表 A-2　仔猪副伤寒、猪痢疾、猪增生性肠炎、猪瘟的鉴别诊断

病　名	仔猪副伤寒	猪痢疾	猪增生性肠炎	猪　瘟
病原	沙门氏菌	密螺旋体	细胞内罗松菌	病毒
症状	排弥漫性黄色稀粪	排有黏液性血样粪便	急性肠出血，急、慢性腹泻，带有黏膜	排黄绿色稀粪
病变	主要在结肠、盲肠，偶尔在小肠，为局部病灶，肠系膜淋巴结肿胀	大肠有弥散性的浅在病灶，淋巴结一般不肿大或轻微肿大	回肠，坏死膜下的黏膜具特征性的增生	肠黏膜有扣状肿胀
药物治疗	抗生素	痢菌净	无	无

附表 A-3　猪传染性胃肠炎、猪轮状病毒感染、猪流行性腹泻、仔猪红痢、
仔猪黄痢、仔猪白痢、猪增生性肠炎的鉴别诊断

病名	猪传染性胃肠炎	猪轮状病毒感染	猪流行性腹泻	仔猪红痢	仔猪黄痢	仔猪白痢	猪增生性肠炎
病原	冠状病毒	轮状病毒	冠状病毒	魏氏梭菌	大肠杆菌	大肠杆菌	细菌
发病日龄	7~14日龄	60日龄以内	任何年龄	3日龄	3日龄左右	20日龄左右	6~12周龄或4~12月龄
发病季节	12月至次年4月	寒冷季节	12月至次年1月	无季节性	产仔季节	夏、秋季节或天气骤变时	无季节性

附表 A-4　猪传染性胸膜肺炎、猪流行性感冒、猪气喘病、
猪肺疫的鉴别诊断

病名	猪传染性胸膜肺炎	猪流行性感冒	猪气喘病	猪肺疫
病原	放线杆菌	病毒	支原体	巴氏杆菌
流行特点	4~5月和9~11月多发	冬、春季节多发，各种年龄均能感染	各种年龄、性别和品种的猪均能感染，寒冷季节多发	各种年龄均能感染，春、秋季节和气候骤变时多发
共同症状	咳嗽、呼吸困难			
不同症状	口流白色泡沫，1~2天窒息死亡或更长时间	突然暴发，传播迅速，体温升高，病程较短（约1周），流行期短	体温不升高，病程较长，传播较缓慢，流行缓慢	咽喉肿胀，呈犬坐姿势，病程1~2天
病变	肺充血、出血、水肿和肝变，气管和支气管内有大量的血色液体和纤维素凝块，胸、腹腔内均有纤维素渗出液，肺胸膜粘连，严重的与心包粘连	肺炎，病变组织和正常组织之间有明显的界线，病变区为紫色，质地硬，一些肺叶间质明显水肿。呼吸道有泡沫状黏性分泌物。肺门淋巴结、纵膈淋巴结充血、肿大	两侧肺叶病变呈对称分布，呈灰红色、灰黄色或灰白色，硬度增加	败血症和纤维素性胸膜肺炎变化。慢性肝变区可见到大小不一的化脓灶或坏死灶
流行形式	地方流行性	地方流行性或流行性	地方流行性	呈散发性或地方流行性

附表 A-5　引起流产疾病的鉴别诊断

病名	猪衣原体病	猪细小病毒病	猪伪狂犬病	猪繁殖与呼吸综合征	猪瘟	猪乙型脑炎	猪弓形虫病
病原	衣原体	病毒					弓形虫
流行特点	初产母猪	任何年龄的经产母猪					
共同症状	发生流产、早产，产弱胎、死胎或木乃伊胎						
病变	母猪子宫内膜水肿、充血，分布有大小不一的坏死灶；流产胎儿全身水肿明显，流产胎衣水肿、出血						

附表 A-6　引起腹泻疾病的鉴别诊断

病名	猪衣原体病	猪轮状病毒感染	猪传染性胃肠炎	猪流行性腹泻	仔猪红痢	仔猪黄痢	仔猪白痢	猪增生性肠炎
病原	衣原体	轮状病毒	冠状病毒	冠状病毒	魏氏梭菌	大肠杆菌	大肠杆菌	细胞内罗松菌
发病日龄	新生仔猪	60 日龄以内	7～14日龄	任何年龄	3 日龄	3 日龄左右	20 日龄左右	6～12周龄或4～12月龄
发病季节	无季节性	寒冷季节	12月至次年4月	12月至次年1月	无季节性	产仔季节	夏、秋季节或天气骤变时	无季节性

附表 A-7　引起关节炎疾病的鉴别

病名	猪丹毒	猪链球菌病	猪副嗜血杆菌病
病原	丹毒杆菌	链球菌	副嗜血杆菌
发病日龄	架子猪	架子猪	30～60 日龄
发病季节	夏、秋季节	以 5～11 月较多	无季节性

附表 A-8　猪细小病毒病、猪伪狂犬病、猪乙型脑炎、
猪繁殖与呼吸综合征的鉴别诊断

病　名	猪细小病毒病病	猪伪狂犬病	猪乙型脑炎	猪繁殖与呼吸综合征
病原	细小病毒	病毒	病毒	病毒
流行特点	产仔季节	冬、春季节	夏、初秋季节（7～9月）	无季节性
共同症状	母猪流产，产死胎、木乃伊胎、弱胎			
不同症状	初产母猪发生母猪流产，产死胎、木乃伊胎；其他类型猪无明显的症状	仔猪体温升高，呼吸困难，精神紧张，瘫痪，腹泻	仔猪出现神经症状；公猪发生睾丸炎	新生仔猪表现为神经症状，呼吸困难，轻瘫，耳尖暗紫，蓝耳；公猪性欲降低
病变	胎儿在子宫内有被吸收和溶解的现象；胚胎常发育不良、出血、水肿	淋巴结充血、肿大，呈褐色，心肌松软，心内膜有斑状出血，肾有点状出血	死胎和弱胎的主要病变是脑水肿、皮下水肿	肺、脾、肝、脑、心肌等各脏器有炎症

附表 A-9　典型猪瘟、猪链球菌病、猪急性弓形虫病、猪肺疫、
急性猪丹毒、慢性仔猪副伤寒的鉴别诊断

病名	猪瘟	猪链球菌病	猪急性弓形虫病	猪肺疫	急性猪丹毒	慢性仔猪副伤寒
病原	病毒	链球菌	弓形虫	巴氏杆菌	丹毒杆菌	沙门氏菌
流行特点	各品种、年龄、性别、季节均发	多见于4～6周龄仔猪，5～11月较多见	一年四季均有发生，常发生于夏季的7～8月	夏天和气候剧变时发生，常为散发	夏、秋季节多发，发生于3～6月龄架子猪	寒冷季节，2～4月龄猪多发

附录

205

（续）

病名	猪瘟	猪链球菌病	猪急性弓形虫病	猪肺疫	急性猪丹毒	慢性仔猪副伤寒
相似症状	皮肤上有红斑，指压不褪色，	败血症，皮肤上有红斑	耳、唇及四肢下部皮肤发绀或有淤血斑	耳根、颈部、腹部都发生出血性红斑	耳、颈、腹下等出现形状不一的红色斑块，指压褪色	皮肤出现淤血
不同症状	便秘，腹泻，粪便呈灰绿色；黏液和脓性分泌物黏着两眼；公猪包皮积尿	多发性关节炎、脑膜炎和淋巴结脓肿，运动障碍	高热稽留 7～10 天，粪干带有黏液；断乳小猪多出现水样腹泻；孕猪往往发生流产、早产或产死胎	咽喉部急性肿胀，病猪呈犬坐姿势，呼吸困难，口、鼻流出白色泡沫	便秘，腹泻带血，两眼水灵，亚急性有圆形或方形疹块	腹泻带血，先便秘后腹泻，粪便呈黄色水样，带血，并有腹痛现象，衰竭而死亡
主要病变	淋巴结肿胀、出血，盲肠、结肠及回盲口处黏膜上形成扣状溃疡，出现麻雀卵肾，脾脏边缘梗死等	败血性链球菌病的脾脏出现急性炎性脾肿和化脓性脑膜炎及淋巴结脓肿	肺水肿，呈暗红色，有针尖至绿豆粒大小的出血点和灰白色坏死灶，全身淋巴结肿大、充血、出血，上有坏死小点，肾、脾也有出血点，肝脏有坏死灶	肺呈纤维素性炎症，伴有气肿和水肿，胸膜与肺粘连，肺切面呈大理石纹状，胸腔、心包积液，气管、支气管黏膜发炎有泡沫状黏液	脾充血、肿大，呈樱桃红色，关节肿胀，有多量浆液性纤维素性渗出液，肠无明显变化	大肠的肠壁增厚，黏膜表面粗糙发炎，有麸皮样坏死

附表 A-10　猪肠扭转与猪肠套叠、猪便秘、猪肠嵌顿的鉴别诊断

病　名	相　似　处	不　同　处
猪肠套叠	不吃食，不排粪或排少量粪，腹痛，起卧不安等	排少量稀粪、常带血液和黏液，如腹部脂肪不多，可摸到套叠部如香肠样，压之有痛感
猪便秘	不吃食，排粪少或不排粪，尿少，腹痛等	多因吃粗糠和少饮水而发病，腹痛不剧烈，按压后腹有硬块，有时指检直肠可触及积粪
猪肠嵌顿	不吃食、腹痛，起卧不安，排粪少或不排粪等	脐疝有嵌顿时，疝囊发紫；阴囊疝有嵌顿时，阴囊发紫。触之有痛感

附录 B　常见计量单位名称与符号对照表

量 的 名 称	单 位 名 称	单 位 符 号
长度	千米	km
	米	m
	厘米	cm
	毫米	mm
面积	平方千米（平方公里）	km^2
	平方米	m^2
体积	立方米	m^3
	升	L
	毫升	mL
质量	吨	t
	千克（公斤）	kg
	克	g
	毫克	mg
物质的量	摩尔	mol
时间	小时	h
	分	min
	秒	s

附
录

（续）

量 的 名 称	单 位 名 称	单 位 符 号
温度	摄氏度	℃
平面角	度	（°）
能量，热量	兆焦	MJ
	千焦	kJ
	焦［耳］	J
功率	瓦［特］	W
	千瓦［特］	kW
电压	伏［特］	V
压力，压强	帕［斯卡］	Pa
电流	安［培］	A

参 考 文 献

[1] 刘洪云，李春华. 猪病防治技术手册 [M]. 上海：上海科学技术出版社，2009.
[2] 于桂阳，王美玲. 养猪与猪病防治 [M]. 北京：中国农业大学出版社，2011.
[3] 李长军，华勇谋. 规模化养猪与猪病防治 [M]. 北京：中国农业大学出版社，2009.
[4] 高本刚，李耀亭. 猪病防治与阉割技术问答 [M]. 北京：中国林业出版社，2011.
[5] 魏刚才. 四季识猪病及猪病防控 [M]. 北京：化学工业出版社，2010.
[6] 付利芝，曹国文. 猪病防控百问百答 [M]. 北京：中国农业出版社，2010.

读者信息反馈表

亲爱的读者：

　　您好！感谢您购买《猪病诊治你问我答》一书。为了更好地为您服务，我们希望了解您的需求以及对我社图书的意见和建议，愿这小小的表格为我们架起一座沟通的桥梁。

姓　名		从事工作及单位		
通信地址			电　话	
E-mail			QQ	

1. 您喜欢的图书形式是
□系统阐述　□问答　□图解或图说　□实例　□技巧　□禁忌　□其他＿＿＿＿＿

2. 您能接受的图书价格是
□10～20元　□20～30元　□30～40元　□40～50元　□50元以上

3. 您觉得该书存在哪些优点和不足？

4. 您觉得目前市场上缺少哪方面的图书？

5. 您对图书出版的其他意见和建议？

您是否有图书出版的计划？打算出版哪方面的图书？

　　为了方便读者进行交流，我们特开设了养殖交流 QQ 群：278249511，欢迎广大养殖朋友加入该群，也可登录该群下载读者意见反馈表。

　　请联系我们——

　　地　　址：北京市西城区百万庄大街 22 号　机械工业出版社技能教育分社（100037）

　　电话：（010）88379761　88379080　传真：68329397

　　E-mail：12688203@qq.com